21世纪高等学校数字媒体专业规划教材

数字音视频资源的设计与制作

李 绯 李 斌 等编著

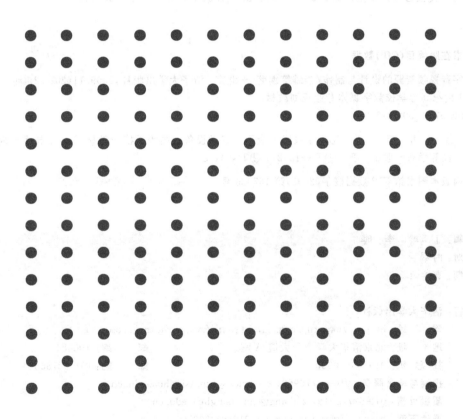

清华大学出版社
北 京

内容简介

本书讲述在数字音频和数字视频资源的设计和制作过程中经常用到的相关技术和技巧，主要包括数字音视频基础知识、音频资源的获取及编辑、视频资源的获取、音视频资源的设计和编辑、电子相册的制作和网上流媒体制作等内容。在技术方面，介绍了音视频的基本特性、音视频数字化过程、数字录音、数字音视频的获取方法、常用格式及转换方法等；在软件方面，涉及 Vegas Pro、Premiere Pro、Photofamily、数码故事、3D-Album-CS、Camtasia Studio 等软件工具的使用。

本书内容丰富、实用性强，以简洁、通俗易懂的方式介绍数字音视频资源的设计、制作技术与技巧，适合于广大的多媒体课件开发制作者、从事音视频节目制作的人员使用。尤其适合教师、学生、教育技术人员，从事数字化音视频教学资源开发之用。

本书封面贴有清华大学出版社防伪标签，无标签者不得销售。
版权所有，侵权必究。举报：010-62782989，beiqinquan@tup.tsinghua.edu.cn。

图书在版编目（CIP）数据

数字音视频资源的设计与制作/李绯等编著. —北京：清华大学出版社，2009.11（2024.2重印）
（21世纪高等学校数字媒体专业规划教材）
ISBN 978-7-302-21039-9

Ⅰ. 数… Ⅱ. 李… Ⅲ. ①数字技术－应用－音频设备－高等学校－教材 ②数字技术－应用－视频信号－高等学校－教材　Ⅳ. ①TN912.271 ②TN941.3

中国版本图书馆 CIP 数据核字（2009）第 167036 号

责任编辑：丁　岭　李　晔
责任校对：时翠兰
责任印制：曹婉颖

出版发行：清华大学出版社
网　　址：https://www.tup.com.cn，https://www.wqxuetang.com
地　　址：北京清华大学学研大厦 A 座　　邮　编：100084
社 总 机：010-83470000　　邮　购：010-62786544
投稿与读者服务：010-62776969，c-service@tup.tsinghua.edu.cn
质量反馈：010-62772015，zhiliang@tup.tsinghua.edu.cn
课件下载：https://www.tup.com.cn，010-83470236

印 装 者：天津鑫丰华印务有限公司
经　　销：全国新华书店
开　　本：185mm×260mm　　印　张：14.25　　字　数：348 千字
版　　次：2010 年 1 月第 1 版　　印　次：2024 年 2 月第 9 次印刷
印　　数：8601～8900
定　　价：29.50 元

产品编号：032449-02

出版说明

数字媒体专业作为一个朝阳专业,其当前和未来快速发展的主要原因是数字媒体产业对人才的需求增长。当前数字媒体产业中发展最快的是影视动画、网络动漫、网络游戏、数字视音频、远程教育资源、数字图书馆、数字博物馆等行业,它们的共同点之一是以数字媒体技术为支撑,为社会提供数字内容产品和服务,这些行业发展所遇到的最大瓶颈就是数字媒体专门人才的短缺。随着数字媒体产业的飞速发展,对数字媒体技术人才的需求将成倍增长,而且这一需求是长远的、不断增长的。

正是基于对国家社会、人才的需求分析和对数字媒体人才的能力结构分析,国内高校掀起了建设数字媒体专业的热潮,以承担为数字媒体产业培养合格人才的重任。教育部在2004年将数字媒体技术专业批准设置在目录外新专业中(专业代码:080628S),其培养目标是"培养德智体美全面发展的、面向当今信息化时代的、从事数字媒体开发与数字传播的专业人才。毕业生将兼具信息传播理论、数字媒体技术和设计管理能力,可在党政机关、新闻媒体、出版、商贸、教育、信息咨询及IT相关等领域,从事数字媒体开发、音视频数字化、网页设计与网站维护、多媒体设计制作、信息服务及数字媒体管理等工作"。

数字媒体专业是个跨学科的学术领域,在教学实践方面需要多学科的综合,需要在理论教学和实践教学模式与方法上进行探索。为了使数字媒体专业能够达到专业培养目标,为社会培养所急需的合格人才,我们和全国各高等院校的专家共同研讨数字媒体专业的教学方法和课程体系,并在进行大量研究工作的基础上,精心挖掘和遴选了一批在教学方面具有潜心研究并取得了富有特色、值得推广的教学成果的作者,把他们多年积累的教学经验编写成教材,为数字媒体专业的课程建设及教学起一个抛砖引玉的示范作用。

本系列教材注重学生的艺术素养的培养,以及理论与实践的相结合。为了保证出版质量,本系列教材中的每本书都经过编委会委员的精心筛选和严格评审,坚持宁缺毋滥的原则,力争把每本书都做成精品。同时,为了能够让更多、更好的教学成果应用于社会和各高等院校,我们热切期望在这方面有经验和成果的教师能够加入到本套丛书的编写队伍中,为数字媒体专业的发展和人才培养做出贡献。

21世纪高等学校数字媒体专业规划教材
联系人:魏江江　weijj@tup.tsinghua.edu.cn

前言

随着计算机及其网络的发展，越来越多的教师开始在教学中制作、使用多媒体教学课件。在制作这些教学课件的过程中，经常会遇到获取、处理、编辑音视频资源的情况，这些资源的获取和编辑是课件开发的重要工作。课件中的教学内容通过图形图像、音视频、流媒体等多媒体形式表现出来，会更为形象生动、易于接受，更能激发学生学习的兴趣。

本书讲述了在数字音频和数字视频资源的设计和制作过程中经常遇到的相关技术和技巧，主要包括数字音视频基础知识、音频资源的获取及编辑、视频资源的获取、音视频资源的设计和编辑、电子相册的制作和网上流媒体制作等内容。在技术方面，介绍了音视频的基本特性、音视频数字化过程、数字音视频的获取方法、常用格式及转换方法等。在软件方面，涉及了 Vegas Pro、Premiere Pro、Photofamily、数码故事、3D-Album-CS、Camtasia Studio 等软件工具的使用。

本书具有以下特点。
- 内容丰富：本书涵盖了数字音频获取与编辑、数字视频获取与编辑、电子相册制作、网上流媒体制作等内容。
- 实用性强：本书根据数字音视频教学资源开发中的实际需要，除了介绍 Vegas Pro、Premiere Pro、Photofamily、数码故事、3D-Album-CS、Camtasia Studio 等典型软件外，还介绍了一些实用性很强的小软件，例如：视频优化大师、ACDSee、音频编辑软件 Sound Forge 等。另外，还介绍了获取图像、音频、视频的常用方法和技巧。
- 代表性强：本书介绍的几种工具都是现在比较流行的数字音视频获取与编辑的主流软件。通过阅读本书，读者可以基本掌握这些数字音视频资源的采集、处理、编辑方法。

由于本书涉及内容较多，再加上作者水平和撰稿时间有限，书中难免有疏漏和不当之处，敬请广大读者谅解并加以指正。

作 者

2009 年 4 月

目 录

第1章 数字音视频基础知识 ··· 1

1.1 数字音频基础 ··· 1
1.1.1 声波的特性及听觉特征 ··· 1
1.1.2 音频的数字化 ··· 4

1.2 数字视频基础 ··· 7
1.2.1 视觉特性与色彩 ··· 7
1.2.2 模拟视频与数字视频 ·· 9
1.2.3 视频的数字化 ·· 11

1.3 视频画面的拍摄技巧及构图 ·· 12
1.3.1 视频拍摄三要素 ··· 12
1.3.2 常用的拍摄方式 ··· 14
1.3.3 视频拍摄的基本原则 ··· 15
1.3.4 常用的构图技巧 ··· 16

1.4 视频动态画面的剪接技巧 ·· 19
1.4.1 镜头剪接遵循的条件 ··· 19
1.4.2 镜头剪接的一般原则 ··· 20

本章小结 ·· 29

第2章 音频资源的获取及编辑 ··· 30

2.1 数字录音 ·· 30
2.1.1 数字录音和模拟录音 ··· 30
2.1.2 常见的数字录音设备 ··· 34
2.1.3 话筒的特性与适用场合 ··· 36

2.2 数字音频的获取 ·· 38
2.2.1 使用录音笔录音 ··· 38
2.2.2 在计算机录音工作室中录音 ·· 41
2.2.3 从Internet上搜索和下载 ··· 51

2.3 数字音频的格式及其转换 ·· 53
2.3.1 常见的数字音频格式 ··· 53
2.3.2 不同音频格式间的转换 ··· 55

2.4 数字音频编辑及音效处理 ·· 59
2.4.1 音频的编辑 ·· 59

2.4.2 降噪处理 ………………………………………………………… 62
2.4.3 其他音效处理 …………………………………………………… 63
本章小结 …………………………………………………………………… 67

第3章 视频资源的获取 …………………………………………………… 68

3.1 图片的获取 …………………………………………………………… 68
   3.1.1 从扫描仪和数码相机中导入 …………………………………… 68
   3.1.2 从网上和屏幕上抓图 …………………………………………… 73
   3.1.3 把文本文件（PDF、Word 等）转换成图片 …………………… 81
3.2 图像的格式及转换处理 ……………………………………………… 84
   3.2.1 常用的图像格式介绍 …………………………………………… 84
   3.2.2 图片的批量转换 ………………………………………………… 87
3.3 视频的获取 …………………………………………………………… 91
   3.3.1 视频的采集 ……………………………………………………… 91
   3.3.2 从网上搜索和下载视频 ………………………………………… 98
3.4 视频的格式转换 ……………………………………………………… 102
   3.4.1 几种常见的视频格式 …………………………………………… 103
   3.4.2 视频格式转换工具 ……………………………………………… 105
本章小结 ………………………………………………………………… 110

第4章 音视频资源的设计和编辑 ………………………………………… 111

4.1 音视频资源的设计及脚本编写 ……………………………………… 111
   4.1.1 音视频资源的设计步骤 ………………………………………… 111
   4.1.2 音视频脚本的编写 ……………………………………………… 112
4.2 音视频混合编辑 Vegas Pro …………………………………………… 114
   4.2.1 Vegas Pro 窗口介绍 …………………………………………… 114
   4.2.2 Vegas Pro 视频编辑基本流程 ………………………………… 115
4.3 音视频混合编辑 Premiere Pro ……………………………………… 127
   4.3.1 Premiere Pro 窗口介绍 ………………………………………… 127
   4.3.2 Premiere Pro 视频编辑基本流程 ……………………………… 130
   4.3.3 使用时间线编辑 ………………………………………………… 137
   4.3.4 使用过渡效果 …………………………………………………… 145
   4.3.5 字幕制作 ………………………………………………………… 152
   4.3.6 音频编辑技巧 …………………………………………………… 158
本章小结 ………………………………………………………………… 163

第5章 电子相册的制作 …………………………………………………… 164

5.1 Photofamily …………………………………………………………… 164
   5.1.1 Photofamily 窗口介绍 ………………………………………… 164

5.1.2　Photofamily 电子相册制作的基本流程 ……………………………………… 165
　5.2　数码故事 …………………………………………………………………………… 174
　　　5.2.1　数码故事窗口介绍 …………………………………………………………… 174
　　　5.2.2　数码故事电子相册制作的基本流程 ………………………………………… 176
　5.3　3D-Album-CS ……………………………………………………………………… 185
　　　5.3.1　3D-Album-CS 窗口介绍 ……………………………………………………… 185
　　　5.3.2　3D-Album-CS 电子相册制作的基本流程 …………………………………… 186
　本章小结 ………………………………………………………………………………… 192

第 6 章　网上流媒体制作 …………………………………………………………………… 193

　6.1　流媒体技术概述 …………………………………………………………………… 193
　　　6.1.1　流媒体概述 …………………………………………………………………… 193
　　　6.1.2　流媒体系统的组成 …………………………………………………………… 193
　　　6.1.3　流媒体的传输方式 …………………………………………………………… 194
　　　6.1.4　流媒体的传输协议 …………………………………………………………… 195
　　　6.1.5　流媒体的传输过程 …………………………………………………………… 196
　　　6.1.6　流媒体的播放方式 …………………………………………………………… 196
　　　6.1.7　流媒体文件格式 ……………………………………………………………… 198
　6.2　常用流媒体制作软件 ……………………………………………………………… 200
　　　6.2.1　Windows Media 系列 ………………………………………………………… 200
　　　6.2.2　Real 系列 ……………………………………………………………………… 203
　6.3　流媒体课件制作 …………………………………………………………………… 204
　　　6.3.1　Camtasia Studio 窗口介绍 …………………………………………………… 204
　　　6.3.2　录制屏幕 ……………………………………………………………………… 205
　　　6.3.3　录制 PowerPoint ……………………………………………………………… 208
　　　6.3.4　剪辑 …………………………………………………………………………… 209
　　　6.3.5　生成文件 ……………………………………………………………………… 213
　本章小结 ………………………………………………………………………………… 215

第 1 章　数字音视频基础知识

1.1　数字音频基础

1.1.1　声波的特性及听觉特征

声音的产生是一种物理现象,听觉是人对声音的感觉,是生理、心理活动。声音来源于振动的物体,振动的物体产生声波,声波经介质传送到耳朵,通过耳膜的振动转化为听觉神经脉冲信号,经大脑皮层听觉中枢产生听觉。

1. 声波的特性

声音来源于振动的物体,辐射声音的振动物理称为"声源"。声源同光源一样要经过一定的介质向外传播,所以声音是一种波动,声波基于介质的质点振动而向外传播声能。声波的基本要素是振幅、频率和频谱。

1) 声音的振幅

振幅是指声波的振动幅度,它反映了声音的强度,振幅值越大,声音越响。声强(I)是指在垂直于声波传播方向上,单位时间内通过单位面积的平均声能。声压(P)是指由于声波的存在而引起的压力的增值,介质中的压力与静压之差。为了计量方便,一般采用声压的有效值(P)和声强值(I)的对数来表示声音的强弱,分别称为声压级和声强级,单位为分贝。

2) 声音的频率

频率是指声源每秒钟振动的次数,单位为赫兹。声源完成一次振动所需要的时间称为周期,单位为秒。周期与频率互为倒数关系。

沿声波传播方向,振动一个周期所传播的距离,或在波形上相位相同的相邻两点间的距离,称为波长。

声速指声波每秒在介质中的传播距离。声速不是声源的振动速度,而是振动状态的传播速度,其大小与振动特性无关,而与介质的弹性、密度及温度有关。

频率、波长和声速三者之间的关系为:声速=波长×频率。

3) 声音的频谱

声音的物理量除了振幅和频率外,还有各个频率振幅的综合量,它描述了声音在其不同频率的分布情况,称之为频谱。不同的声音有其各自的频谱。一个单一频率的简谐声信号称为纯音,若干个频率离散的简谐分量复合而成的声信号称为复音。声音中很少存在单一频率的纯音,人们所能听到的声音大部分都是各种频率的复合音。如图 1-1 所示,声音的频谱用来

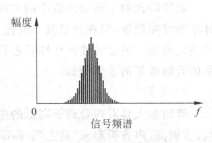

图 1-1　一段声音的频谱图

表示声音各组成频率的声压级分布,以频率为横坐标,声压级为纵坐标,图中是一个复音的频谱图,为线状谱。

2. 听觉特征

声音是客观存在的,而人耳的听觉是一种主观感觉,两者之间既有着密切的联系,又存在一定的区别。人的听觉常用响度、音调、音色3种量来描述,这3种量是人对声音的主观感觉的要素。

1) 响度

响度是人耳对声音强弱的主观感觉,它首先决定于声音的振幅,其次是频率。一般来说,声波振动幅度越大则响度也越大。同样强度的声波,如果其频率不同,人耳感觉到的响度也不同。总的来说,声压或声强越大,声音就越响,但并不成正比关系。

正常人的听觉器官所能听到的声音频率是20Hz~20kHz,但对不同频率声音的敏感度和所能忍受的最大强度并不一致。如图1-2所示,以频率为横坐标,以压力振幅(强度)为纵坐标而画成的听力图曲线,可以表示听觉能力的情况。被曲线围绕范围内的声音(无论从频率上看或从强度上看)都可以听到,日常谈话的声音所占的区域只不过是图中的一小部分(图中心斜线部分)。

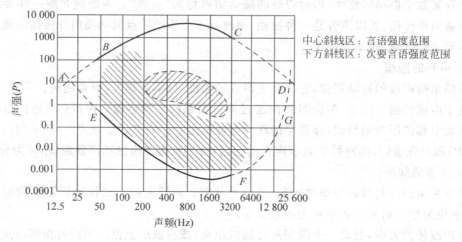

图1-2 人耳的听力图

从图中可以看出,人们听到的声音,无论从频率上或从强度上看都有一定的限制。又可看到,人对1000~2000Hz的声音最为敏感,而且也能忍受较大的强度。而对低于或高于此频率范围的声音的听取范围就越来越窄。

响度特性对于解决声响中的实际问题具有很大的意义。例如,在听音乐节目时,人们设计了响度控制器,以在音量减小时提升声音信号的高、低频电平,从而获得高低音平衡、音质优美的效果。响度特性的规律是进行高、低频率电平提升,实现展宽频带、均衡人的听觉感受的音响效果的重要依据。

2) 音调

音调是人耳对声音调子高低的主观感受,人耳的音调感觉与声音的频率相对应。频率高,音调高,声音听起来"高亢";频率低,音调低,声音听起来"低沉"。但是,音调的高低感觉与声音频率之间不存在线性的对应关系,而是呈一种对数曲线的对应关系。

同时，人耳对于音调的感觉还会受到声波振幅的影响，与响度有关。一般情况，响度增加时，会降低人耳对于音调的主观感受的灵敏度，尤其对低频声波的这一情况更为明显。

3）音色

音色是人耳听觉的一种感受特性，是一种主观感觉。音色是由声音中各种频率成分及其强度决定的，即由频谱决定。实际上，人们听到的各种声音通常是由多种频率声波组成的。其中，每一种声音都有一基本频率，称为基频或基音，同时还有与基频成倍数关系的许多不同倍频的频率，称为谐波或泛音。基本频率决定了声音的音调，而谐波成分则决定着声音的音色。

人耳对音色的感觉决定于声音中泛音各分量的数量、相对强度关系和分布，当许多不同乐器同奏一曲时，尽管它们所发出声音的基频频率相同，人们还是能分辨出各种乐器的不同声音特色，这正是由于其他频率分量的多少和大小比例（或泛音各分量的数量、相对强度关系和分布）不同的缘故。

由于听觉对音色的感受是根据声音的各频率成分及其分布特点来区别的，若要听觉媒体设备的重放声音保持原有的音色，就应有足够宽的频响范围，以便不丢失信号中的频谱成分，不改变频谱中各分量之间的强弱关系，也不产生多余的频率分量。

4）立体声

人们在发生现场聆听到的声音除了具有强度感、声调感之外，还有空间感。也就是说，人们不仅可以感觉到声音的强弱和音调的高低，还可以区别出各个音源的方位以及通过声音的反射特性感受到现场的环境结构。这是因为人们是用两只耳朵同时听声音的，当某一声源至两只耳朵的距离不同时，此时两只耳朵虽然听到的是同一声波，但却存在着时间差（相位差）和强度差（声级差），它们成为听觉系统判断低频声源方向的重要客观依据。对于频率较高的声音，还要考虑声波的绕射性能。由于头部和耳壳对声波传播的遮盖阻挡影响，也会在两耳间产生声强差和音色差。总之，由于到达两耳处的声波状态的不同，造成了听觉的方位感和深度感。

这就是常说的"双耳效应"。不同方向上的声源会使两耳处产生不同的（但是特定的）声波状态，从而使人能由此判断声源的方向位置。如果人们设法特意地在两耳处制造出与实际声源所能够产生的相同的声波状态，就应该可以造成某个方向上有一个对应的声源幻象（声像）感觉，这正是立体声技术的生理基础。

单一声道的电声系统只能重现声音的强度和音调，但无法再现声音的方位和空间感觉，听起来声音是从一个点发出的。如果想再现声音的空间感，使听者能够识别现场中各个音源的实际方位，达到身临其境的感觉，就必须使用特殊的拾音方式，并同时使用并列的多个音频记录、传输和再现通道，这种音频系统称为立体声系统。

立体声系统形式多样，实际上双声道立体声系统只能再现一维的空间感，如需要再现二维或三维的立体声场，则需要使用更多声道的系统，如DVD的声音重放可使用5.1声道系统，需要6个音箱，如图1-3所示，包括前左、前右、后左、后右、中置和100Hz低音炮。

还有7.1系统会使用更多的音箱，而数字电影新标准更是扩展到16个声道。一般说来，声道数量越多，聆听时的现场感就越强，声音越逼真。

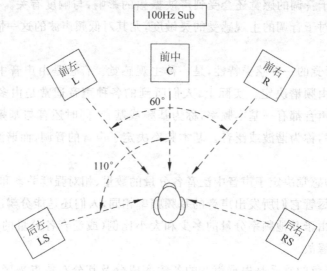

图1-3 5.1声道系统

1.1.2 音频的数字化

1. 什么是数字音频

现实生活中的声音是通过空气的振动来传送的,但这些声音不能存储,范围也有限。模拟音频技术的发展使声音的存储和远距离传送成为可能。模拟音频技术利用话筒将声音转换成电压(或电流)形式的电振动,利用电信号来模仿声音物理量的变化。这种电信号在时间和幅度上都连续变化,称之为模拟音频信号。模拟音频信号处理有很多弊端,如抗干扰能力差,容易受机械振动、模拟电路的影响而产生失真,远距离传送受环境影响较大等。

随着信息技术的发展,数字信号处理技术已经逐步取代了模拟信号处理技术,数字音频信号采用了全新的概念和技术,具备了抗干扰能力强,无噪音积累,长距离传送无失真等特点,目前已被广泛使用。

那么,什么是数字音频呢?数字音频指的是一个用来表示声音强弱的数据序列,通过对模拟音频进行取样、量化、编码过程,实现对音频信号的模/数(A/D)转换,形成数字音频信号。对这些数字信号可进行存储、传送,也可经再生电路进行数/模转换,还原成模拟音频。

2. 音频的数字化

把模拟的音频信号转化为数字音频信号的过程,称为音频的数字化。这是一个模/数(A/D)转换的过程,一般包括3个阶段,即取样、量化和编码。

1) 取样

取样是指在时间轴上连续的信号每隔一定的时间间隔抽取出一个信号的幅度样本,把连续的模拟量用一个个离散的点来表示,使其成为时间上离散的脉冲序列,如图1-4所示。

取样频率是每秒钟所抽取声波幅度值样本的次数,单位为kHz。取样频率的倒数是两个相邻取样点之间的时间间隔,称之为取样周期。一般来说,取样频率越高声音失真越小,但相应的存储数量也越大。

一般认为,当以信号最高频率的2倍频率进行取样时,就不会造成声音信号信息的丢

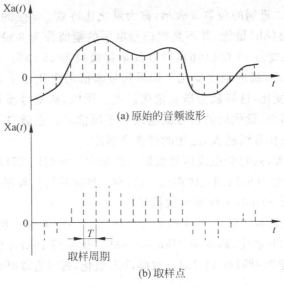

(a) 原始的音频波形

(b) 取样点

图 1-4　声音波形的取样

失。正常人耳听觉的范围约为 20Hz～20kHz,所以为保持声音不失真,取样频率应选在 40kHz 左右。CD 音质的 44.1kHz 正是这样制定出来的,而音频工业标准规定的 48kHz 取样频率(如 DAT)则可以满足更苛刻的要求。

为了获得更好的音质,需要提高取样频率,但同时也会造成数据存储量的升高,因此需要根据不同的应用范围,选择取样频率。常用的取样频率有 8kHz、11.02kHz、16kHz、22.05kHz、37.8kHz、44.1kHz、48kHz 等。例如:电话质量的音频信号采用 8kHz 取样,AM 广播采用 16kHz 取样,CD 音频标准为 48kHz、44.1kHz、32kHz 取样,适合 CD-DA 光盘用。

2) 量化

模拟信号通过取样后变成一个时间上离散的脉冲样品序列,但在脉冲幅度上仍会在其动态范围内连续变化。量化就是把这些在时间上离散的模拟信号无限多的幅度值用有限多的量化电平来表示,使其变为数字信号,如图 1-5 所示。量化时,每个幅度值通常会用最接近的量化电平来取代,这个电平也称为量化等级。量化后,连续变化的电平幅值就会被有限个量化等级所取代。

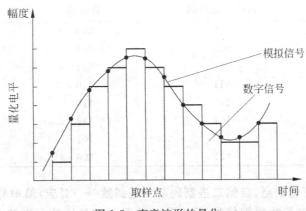

图 1-5　声音波形的量化

量化等级通常用二进制的位数 n 表示,称为量化比特数。n 位的二进制数字可以有 $2n$ 个量化级数,例如 8 位(8b)量化,并不是把信号电平的幅值分为 8 份,而是将其分成 2^8,即 256 份。CD 的量化精度为 16 位(16b),所以其量化级数为 65 536。也就是说,以 CD 的标准,可以分辨出 1/65 536 级的幅度变化。如果信号幅值的变化小于这个值,量化后的数字信号就反映不出这个变化,这样就会造成量化误差。所以,从信号质量方面考虑,量化级数越大,则量化误差就越小,量化后的信号就越接近于原信号。也就是说,量化等级决定了数字信号处理的精度,量化等级越大,量化的精确度越高。

但量化级数的增大,同时会造成信号数据量的增大。我们以 CD 标准为例,取样频率为 44.1kHz,量化比特数为 16b,采用立体声双声道,则 1 秒钟的信号数据量为 44.1k×16b×2=1411.2kbps,相当于近 90 000 个汉字的数据量。

由此可见,量化比特数的选取要权衡各方面的因素综合考虑。例如:电话质量的音频信号采用 8kHz 取样,8b 量化,码率为 64kbps。AM 广播采用 16kHz 取样,14b 量化,码率为 224kbps。CD 音频标准为 48kHz、44.1kHz 取样,16b 量化,每声道数码率为 768~705.6kbps。

3) 编码

取样、量化后的信号还不是数字信号,需要把它们变成数字编码脉冲。这种把量化后的信号转换成代码的过程成为编码。最简单的方式是采用二进制编码,即将已经量化的信号幅值用二进制数码表示。编码后,每一组二进制数码代表一个取样的量化等级,然后把它们排列起来,得到由二进制脉冲组成的信息流。

用这样的方式组成的脉冲串的频率等于取样频率与量化比特数的乘积,称为数码率。用公式表示为:数码率=取样频率×量化比特数。

数码率又称比特率,是单位时间内传输的二进制序列的比特数,通常用 kbps 作为单位。例如声音信号的取样频率为 48kHz,量化比特级数 n 为 16b,则每声道的数码率为 $48×10^3×16=768$ kbps。显然,取样频率越高,量化比特数越大,数码率就越高,所需要的传输带宽就越宽。

编码可以采用不同的方式进行,常说的 PCM(脉冲编码调制)系统常用的码型有自然二进制代码、格雷码和折叠二进制代码等。表 1-1 中显示了对应不同量化电平不同编码方式对应的值。

表 1-1 各种二进制编码量化电平

量化电平	自然二进制码	格雷码	折叠二进制码
0	000	000	011
1	001	001	010
2	010	011	001
3	011	010	000
4	100	110	100
5	101	111	101
6	110	101	110
7	111	100	111

这 3 种编码各有优缺点,自然二进制码与二进制数一一对应,简单易行,便于运算,可以直接由数/模转换器转换成模拟信号,但在某些情况下容易使数字电路产生尖峰电流脉冲;

格雷码没有上述缺点,但它不能直接进行计算和数/模转换,需要经过转码成自然二进制才能操作;折叠二进制沿中心电平上下对称,适合表示正负对称的双极性信号,抗误码能力强。

3. MIDI 音频

MIDI 是音乐设备数字接口(Musical Instrument Digital Interface)的英文简写。MIDI 是一种国际通用的标准接口,是一种电子乐器之间以及电子乐器与计算机之间进行交流的标准协议。从广义上可以将其理解为电子音乐合成器,是计算机音乐的统称,包括协议、设备等相关的技术。通常所说的 MIDI 是指一种计算机音乐的文件格式。

MIDI 音频文件与前面介绍的波形音频文件不同,并不记录反映乐曲声音变化的声音信息,而是记录音乐节奏、位置、力度、持续时间等发音命令,所以 MIDI 文件本身并不是音乐,而是发音命令,一些简单描述性的信息。

处理 MIDI 信息需要 MIDI 设备,这些设备包括 MIDI 端口、MIDI 文件、MIDI 音序器、MIDI 合成器、MIDI 键盘等。其中 MIDI 文件是记录、存储 MIDI 信息的标准格式文件,包括音符、定时、通道选择指示等二进制编码数据。MIDI 音序器的作用是记录、编辑、播放 MIDI 文件,实现这些功能可以通过硬件或软件的方式,由于硬件设备价格昂贵,目前多采用软件方式。MIDI 合成器是一种电子设备,可将数字声音文件转换成模拟信号,再通过扬声器产生声音。计算机中使用的合成器一般都安装在声卡上。

既然 MIDI 文件只是对乐曲播放的描述,本身并不包含任何可供播放的声音信息,那么一首首动听的计算机音乐又是如何被播放出来的呢? MIDI 音乐播放的原理是这样的,当需要播放 MIDI 时,计算机将指令发给声卡,声卡按照指令将 MIDI 信息重新合成起来。所以,MIDI 的播放效果取决于用户 MIDI 设备的质量和音色。就声卡而言,最为常见的手段是 FM(频率调变)合成与波表合成。前些年的声卡多采用 FM 合成方式,它是运用声音振荡的原理对 MIDI 进行合成处理;而波表合成的原理是将一小段真实的乐器声音或效果声用数字采集的方法录制下来,然后在播放 MIDI 时再进行修饰、放大、输出。这样就保证了声音的真实性,其效果远远超过 FM 合成法,目前已被广泛运用。

1.2 数字视频基础

1.2.1 视觉特性与色彩

在自然界中,光是一种以电磁波形式存在的物质。电磁波的波长范围很宽,可见光在整个电磁波谱中只占极窄的一部分,如图 1-6 所示。

图像中的色彩是光刺激人的视觉神经产生的,在可见光范围内,不同波长的光会对人眼产生不同的感觉。例如,波长为 780nm 左右的光会产生红色感觉,波长为 550nm 左右的光会产生绿色感觉,波长为 470nm 左右的光会产生蓝色感觉。可见光的光谱是连续分布的,随着波长的减小,各个波长对人眼引起的颜色变化分别为红、橙、黄、绿、青、蓝、紫。

1. 彩色三要素

彩色可用亮度、色调和饱和度 3 个要素来描述。

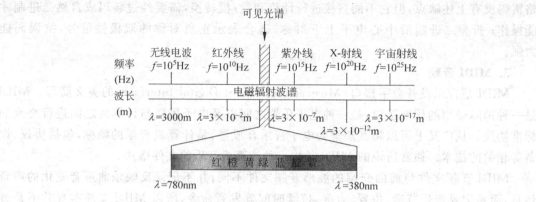

图 1-6 电磁光谱与可见光谱

1) 亮度

亮度指色彩光作用于人眼所引起的明亮程度,它与被观察景物的发光强度有关,反映了景物表面相对明暗的特性。光源的辐射能量越大,物体的反射能力越强,亮度就越高。

另外,亮度还和波长有关,能量相同而波长不同的光对视觉引起的亮度感觉也会不同。例如,在对相同辐射功率的光,人眼感觉最暗的是红色,其次是蓝色和紫色,最亮的是黄绿色。

2) 色调

色调是当人眼看一种或多种波长的光时所产生的色彩的感觉,它反映色彩的种类,是决定色彩的基本特性。红、橙、黄、绿、青、蓝、紫等指的就是色调。不同波长的光其颜色不同,也是指色调不同。

3) 饱和度

饱和度是指彩色的深浅、浓淡程度。对于同一色调的彩色光,饱和度越高,颜色就越深、越浓。饱和度与彩色光中掺入的白光比例有关,掺入的白光越多,饱和度就越小。因此,饱和度也称为色彩的纯度。

饱和度的大小用百分制来衡量,100%的饱和度表示彩色光中没有白光成分,所有单色光的饱和度都是 100%,饱和度为零表示全是白光,没有任何色调。

色调和饱和度合称为色度,色度即表示了色彩光的颜色类别,也呈现了颜色的深浅程度。在彩色电视中传输的彩色图像,实质上是传输图像中每个像素的亮度和色度信息。

2. 三基色原理

自然界中几乎所有的色彩光,都可由 3 种基本色彩光按照不同比例相配而成,同样绝大多数的色彩也可分解为 3 种基本色光,这就是色度学中的三基色原理。国际照明委员会(CIE)选择红(R)、绿(G)、蓝(B)3 种色彩光为三基色,即 RGB 表色系统。

根据三基色原理,任何一种彩色光 F 都可以用红、绿、蓝三基色按不同比例混配而得,配色方程为:

$$F=R(R)+G(G)+B(B)$$

式中 (R)、(G)、(B) 称为基色单位,R、G、B 称为混配系数。

CIE 规定 3 个基色单位为:波长为 700nm,光通量为 1IW 的红光为一个红基色单位 (R);波长为 546.1nm,光通量为 4.5907IW 的绿光为一个绿基色单位 (G);波长为 435.8nm,光通量为 0.0601IW 的蓝光为一个蓝基色单位(B)。按照这个公式,若混色时 RGB 都采用 1 个基色单位,则可配得白光,即 E 白 $= k(R)+k(G)+k(B)$。调整三色系数 $R、G、B$ 中的任一系数都会改变 F 坐标值。如图 1-7 所示,E 点代表白色光,3 个圆圈处分别代表 $R、G、B$ 三基色,三基色相加混合可以配出不同的颜色。

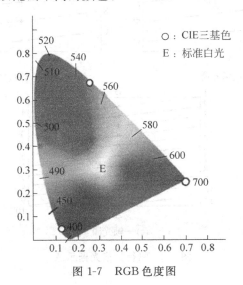

图 1-7　RGB 色度图

1.2.2　模拟视频与数字视频

1. 模拟视频的基本原理

模拟视频是采用电子学的方法来传送和显示活动景物或静止图像的,也就是通过在电磁信号上建立变化来支持图像和声音信息的摄取、传播和显示,目前使用的许多摄像机、电视机和录像机显示的还都是模拟视频。

图像的摄取、传播和显示是基于光和电的转换原理实现的。在光电转换过程中,把一帧图像分解成许多称为像素的基本单元,每个像素大小相等,明暗不同,有规则地一行一行排列着。任何一幅图像都可以看作是由许多细小的像素组成,其数目越多,图像就越清晰。

图像的摄取和再现是通过电子束的扫描实现的。摄取时,摄像管通过电子扫描把空间位置变化的图像光信号转变成为随时间变化的视频信号。再现时,显像管也通过电子扫描,随时间变化将视频信号还原为随空间位置变化的图像光信号。这种将图像上各像素的光学信息转变成为顺序传递的电信号的过程以及将这些顺序传递的电信号再重现为光学图像的过程,也就是图像的分解与复合过程,称为扫描。电子束的扫描方式是沿着水平方向从左到右,并逐渐自上而下地以匀速扫过整个靶面。沿水平方向的扫描称为行扫描,自上而下的扫描称为场扫描或垂直扫描。在扫描技术上,分为逐行扫描和隔行扫描,我国目前采用的是隔行扫描。如图 1-8 所示,隔行扫描将一幅图像分为两场:第一场扫描 1、3、5 等奇数行,称为奇数场;第二场扫描 2、4、6 等偶数行,称为偶数场。

图像的传送可以采用不同的编码方式。彩色视频信号并不是直接传送 $R、G、B$ 三基色信号,而是将它们转换成一个亮度信号 Y 和两个色差信号 $R-Y$、$B-Y$,然后再编码成一个复合型的视频信号进行传送。这种把三基色信号转换成亮度信号和色度信号的编码方式叫做

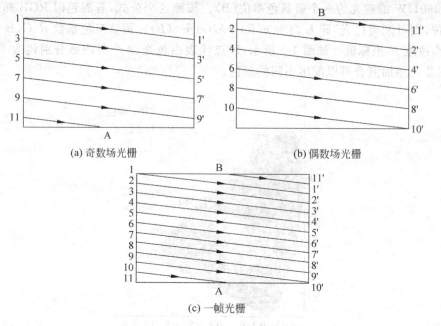

图 1-8 隔行扫描光栅示意

彩色电视制式。

国际上电视信号的标准并不统一,有 NTSC、PAL、SECAM 3 种彩色电视制式,在扫描行数、扫描方式、每秒传送帧数等方面也有所不同。我国目前的电视标准规定,彩色电视制式为 PAL 制式,一帧电视图像的行数是 625 行,采用隔行扫描方式,行扫描频率是 15 625 Hz,每秒传送 25 帧图像,一帧包括两场扫描,即场扫描频率为 50 Hz。

2. 数字视频及其特点

从字面上来理解,数字视频就是以数字方式记录的视频信号。而实际上它包括两方面的含义:一是指将模拟视频数字化以后得到的数字视频;另一方面是指由数字摄录设备直接获得或由计算机软件生成的数字视频。

数字视频相对于模拟视频而言,是将模拟视频信号进行模数变换(采样、量化、编码),使模拟信号变换为一系列的由 0、1 组成的二进制数,每一个像素由一个二进制数字代表,每一幅画面由一系列的二进制数字代表(即数字图像),而一段视频由相当数据量的二进制数字来表示。这个过程就相当于把视频变成了一串串经过编码的数据流。在重放视频信号时,再经过解码处理变换为原来的模拟波形重放出来。

随着数字摄录设备的发展,可以直接采集、记录数字化的视频信号。如现在使用的摄像机,已经用 CCD 作为光电转换单元,直接记录成数字形式的信号。这样,从信号源开始就是无损失的数字化视频,在输入到计算机中时也不需考虑到视频信号的衰减问题,直接通过数字制作系统加工成成品。还有一种数字视频,是直接由计算机软件生成的数字化视频,例如,用三维动画软件生成的计算机动画等。

数字视频信号是基于数字技术以及其他更为拓展的图像显示标准的视频信息,数字视频与模拟视频相比有以下特点:

(1) 数字视频是由一系列二进位数字组成的编码信号,它比模拟信号更精确,而且不容易受到干扰。

（2）数字视频可以不失真的进行无数次复制，而模拟视频信号每转录一次，就会有一次误差积累，产生信号失真。

（3）数字视频可将视频制作融入计算机化的制作环境，从而改变了以往视频处理的方式，可以制作出许多特技效果。

（4）数字信号可以被压缩，使更多的信息能够在带宽一定的频道内传输，大大增加了节目资源。数字信号的传输不再是单向的，而是交互式的。

1.2.3 视频的数字化

视频的数字化是指将模拟视频信号经过采样、压缩、编码转化成数字视频的过程。

模拟视频与数字视频存在很大差异，模拟视频信号具有不同的制式，采用复合的 YUV 信号方式，扫描方式采用隔行扫描；而计算机中的数字视频工作在 RGB 方式，采用逐行扫描方式，还有电视图像（模拟视频）的分辨率与显示器的分辨率也不尽相同等。因此，模拟视频的数字化过程主要包括色彩空间的转换、光栅扫描的转换以及分辨率的统一等问题。

模拟视频数字化的过程，一般采用分量数字化方式，先把复合视频信号中的亮度和色度分离，得到 YUV 分量（Y（亮度分量）、U（R-Y 色差分量）、V（B-Y 色差分量）），然后用 3 个模/数转换器对 3 个分量分别进行数字化，最后再转换成 RGB 方式。其中，数字视频的采样格式分别有 4∶1∶1，4∶2∶2 和 4∶4∶4 共 3 种格式，3 个比值分别代表 Y、U、V 分量的值。也就是说，对信号的色差分量的采样率低于对亮度分量的采样率。

为了在 PAL、NTSC 和 SECAM 电视制式之间确定共同的数字化参数，国家无线电咨询委员会（CCIR）制定了广播级质量的数字电视编码标准 CCIR 601 标准。在该标准中，对采样频率、采样结构、色彩空间转换等参数都做了严格的规定。

- 采样频率为 $fs=13.5MHz$。
- 分辨率与帧率。

电视制式	分辨率（像素）	帧率（帧/秒）
NTSC	640×480	30
PAL、SECAM	768×576	25

- 根据 fs 的采样率，在不同的采样格式下计算出数字视频的数据量：

采样格式（Y∶U∶V）	数据量（MB/s）
4∶2∶2	27
4∶4∶4	40

视频数字化的过程还包括压缩编码的过程。视频压缩编码的目的是在尽可能保证视觉效果的前提下减少视频数据率。由于视频是连续的静态图像，因此其压缩编码算法与静态图像的压缩编码算法有某些共同之处，但是运动的视频还有其自身的特性，因此在压缩时还应考虑其运动特性才能达到高压缩的目标。视频压缩编码的方式包括有损和无损压缩、帧内和帧间压缩、对称和不对称压缩等。目前主要有三大编码和压缩标准：一是 JPEG（Joint Photographic Experts Group）标准，该标准是第一个图像压缩国际标准，主要是针对静止图

像；二是 MPEG(Moving Picture Experts Group)标准，这个标准实际上是数字电视标准，针对全动态影像；三是 H.26 标准，是 CCITT 专家组为可视电话和电视会议而制定的标准，是关于视像和声音的双向标准。

1.3 视频画面的拍摄技巧及构图

在使用摄像机进行视频拍摄时，有很多拍摄技巧和构图方法，掌握这些技巧，可以使拍摄过程轻松自如，使拍摄的画面更如人意。下面介绍一些简单的拍摄技巧。

1.3.1 视频拍摄三要素

在进行视频拍摄时，要掌握拍摄的 3 个基本要素，即景别、方向和拍摄高度。

1. 景别

景别主要是指摄影机同被摄对象间的距离的远近，而造成画面上形象的大小。景别由两个因素决定，一是摄像机不同的焦距，二是摄像机与被摄主体之间的距离。景别的划分没有严格的界限，一般分为远景、全景、中景、近景和特写。为了使景别的划分有个较统一的尺度，通常以画面中人物的大小作为划分景别的参照物。如画面中无人物，就按景物与人的比例来参照划分。

1) 远景

摄影机远距离拍摄事物的镜头，画面开阔，景深悠远。此种景别，能充分展示人物活动的环境空间，可以用来抒发感情，渲染气氛，创造某种意境。电影《黄土地》中的远景，人物都处理得很小，表现了人对自然的一种受制与无奈。远景中视距最远的景别，称为大远景。它的取景范围最大，适宜表现辽阔广袤的自然景色，能创造深邃的意境。

2) 全景

出现人物全身形象或场景全貌的镜头。此种景别的视野相对小些，既能看清人物又可看清环境，故可以表现人物的整体动作以及人物和周围环境的关系，展示一定空间中人物的活动过程。它常常用来拍摄人物在会场、课堂、集市、商场等一定区域范围中的动作，是塑造环境中的人或物的主要手段。

3) 中景

显示人物膝盖以上部分形象的镜头。此种景别的人物占有空间的比例增大，观众能看清人物的形体动作，并能比较清楚地观察到人物的神态表情，从而反映出人物的内心情绪。中景在表现人物的同时，也能表现一定的环境范围。

4) 近景

表现人物的腰部或胸部以上形象的镜头。此种景别人像占据大部分的画面，环境变得零碎而模糊。观众已难于看全人物的动作，注意中心往往在人物的肖像和面部表情上，所以常用来表现人物的感情、心理活动，它的作用相当于文学作品中的肖像描写，适宜于对人物音容笑貌、仪表神态、衣着服饰的刻画，突出人物的神情和重要的动作。同时，也可用来突出景物，是影视作品中大量运用的景别。

5) 特写

表现人物肩部以上部位或有关物体、景致的细微特征的镜头。它是视距最近的一种景别,能把表现的对象从周围环境中强调、突出出来,可使观众去注意某些关键性细节,造成强烈而清晰的视觉形象。特写镜头的作用是多方面的,可以介绍人物,突出影片的主体形象;可以突出人物细致的表情或动作;可以反映特写环境,使某个物件含义深邃;可以作转换时空的手段;还可与其他景别镜头反复,使速度节奏加快,造成紧张激烈的气氛等。但特写镜头不宜毫无节制地滥用,一般应和全景结合起来使用。

2. 拍摄方向

拍摄方向是指摄像机在水平方向上不同角度的变化,它是拍摄中必不可少的拍摄方法。主要有4种拍摄角度:

1) 正面角度

指拍摄人物或物体的全部或局部的正面,能够展现人物的面部表情和特征以及物体的气势和对称,能产生庄重、威严之感。但是这个角度的缺点是缺乏立体感,画面会显得有些呆板。

2) 正侧面角度

指拍摄人物或物体的正侧面(与被摄主体正面成90度的侧方向),这样的拍摄能强调拍摄对象的轮廓和线条,能给人增添想象力。表现人们面对面的活动时常用这种构图,如会见、对弈等场面。

3) 斜侧面角度

是介于正面和侧面拍摄的中间角度,这种拍摄方式既能表现主体正面的细节,又能表现主体侧面的特征。这个角度拍摄的效果不呆板、富有变化,而且立体感强、透视感明显,画面也显得生动。但在选择斜侧方向时,要注意"斜侧程度",程度的改变往往会使主体形象产生显著变化。

4) 背面角度

指从物体或人物的背后角度进行拍摄,这种拍摄方法可以通过主体的背面特征比较含蓄地表达一种更为丰富和复杂的内涵,给人较大的想象空间。

3. 拍摄高度

拍摄高度是指摄像机在垂直方向上不同角度的变化,它是拍摄中常用的拍摄方法。主要有4种拍摄角度。

1) 平摄

摄像机与被摄主体处于同一水平线上,这种拍摄角度是最为常见的,画面效果与人们的视觉习惯基本一样,拍摄的画面使观众有一种熟悉感、亲切感,所拍的画面不易产生变形。无论是拍摄建筑、人像、风光还是静物广告,这种构图都显得比较稳定、平和,并且可以利用前景和背景来改变画面的效果。

2) 仰摄

摄像机所处的位置低于被摄主体,这种角度可以使被摄主体显得高大雄伟,而且可以避免杂乱的背景。要注意在这种角度使用广角镜头拍摄时常会出现明显的变形,但有时拍摄者就是利用这种变形夸张主体,从而达到不凡的视觉效果。这种效果切记不能滥用,在不合适的场合使用这种视角可能会扭曲丑化主体。

3) 俯摄

摄像机所处的位置高于被摄主体,镜头偏向下方拍摄。俯摄主要用于拍摄大场面,容易表现画面的层次感、纵深感。如果从较高的地方俯拍，就可以完整地展现从近景到远景的所有画面，给人以辽阔宽广的感觉。某些平视镜头拍摄出来很容易流于平淡，但采用高机位，大俯视角度拍摄就可以增加画面的立体感，有时可以使画面中的主体具有戏剧化。

4) 顶拍

摄像机垂直于地面从上向下拍摄，这种构图能使被摄物主体水平面上的元素得到充分地展示，能准确再现被摄物之间的纵向、横向的远近距离，给人提供了一个既新鲜又神秘的视点。例如，大型团体操表演、队形表演等，通过顶拍可以很好地表现队形的变化。

1.3.2 常用的拍摄方式

摄像按拍摄方式简单地可分为固定拍摄和运动拍摄。所谓固定拍摄是指在拍摄时用三脚架或物体将摄像机的机身、机位及镜头固定下来进行拍摄的方式，类似于拍照片，这样拍摄的效果，场景和景物都是固定的。所谓运动拍摄是指摄像机在运动中拍摄，如推、拉、摇、移、跟、升降等运动效果。

1. 固定拍摄法

固定拍摄法是一种被广泛使用的拍摄方式，它具有拍摄简单、画面稳定、后期剪接灵活等特点，更适合初学者掌握。

如果在拍摄时需要连续记录同一背景下的景物或人物，构图和场景基本不变，可采用固定拍摄法，这种拍摄是用时间的延续来表现拍摄对象。如拍摄舞台演出、会场全景等。

如果要表现某一细小的事物，着重刻画细部特征，或是演变过程，采用固定拍摄法可以使画面表现得更充分。尤其对于利用微距拍摄画面，因为镜头的放大作用，稍微的移动都会导致焦点变虚，更应采用固定拍摄法。如拍摄人物表情、教学实验等。

固定拍摄的一个镜头很难既表现环境与主体的关系，又表现主体的细节，可以采用不同景别的几个镜头来表现。例如，用全景固定镜头表现环境和关系，用近景表现过程，用特写表现细节，然后通过后期剪接连在一起，这种方式非常适合教学类节目的拍摄。

2. 运动拍摄法

基本的运动拍摄法包括推、拉、摇、移、跟等技巧，这些不同的拍摄方式适应于不同的拍摄要求，获得的效果也不同，所以应该根据画面内容需要，选择适合的拍摄技巧，切忌一味地追求技巧而忽略内容。

1) 推

推镜头拍摄是一种把画面中的物体形象由小变大的画面处理方式，镜头效果由远而近、由全景到近景。这种拍摄方式既能表现主体与环境的关系（全景），也能表现主体的形态和特征（近景）。在具体拍摄时，通常是先表现景物的全景，然后使用变焦镜头推近画面，依次为中景、近景、特写。

2) 拉

与推镜头相反，拉镜头是一种把画面中的物体形象由大变小的画面处理方式，镜头效果由近而远、由近景到全景。这种拍摄的效果会先给人造成一定的悬念，然后再逐渐展开画面。在具体拍摄时，通常是先表现景物的近景，然后使用变焦镜头拉出画面，依次为近景、中景、全景。

3) 摇

摇镜头是一种利用机身的水平、垂直或圆周旋转等运动方式来拍摄的画面处理方式，镜头效果类似于人用眼睛环视或扫视。这种拍摄的效果比使用远景或全景方式拍摄画面更能清晰地展现环境的特色,更能具体地描绘景物的细节及相互关系。拍摄时,固定机位不变,通过机身的水平、垂直等运动完成拍摄。

4) 移

移动摄像是指摄像机在工作时,机身在水平方向移动拍摄而形成的镜头运动的方式,镜头效果类似于人在移动中观察事物,移镜头拍摄能最佳地表现运动效果。当拍摄静态物体时,景物依次从画面中划过,会造成一种强烈的动感;当拍摄运动的物体时,能够很好地表现画面的细节,更富有运动的节奏感,画面更逼真。例如,短跑比赛中的终点监测镜头就是利用移动镜头拍摄的。

5) 跟

跟镜头是指摄像机跟随运动物体进行拍摄,有推镜头跟踪、拉镜头跟踪、摇镜头跟踪、移镜头跟踪以及利用摇臂的升降和旋转跟踪拍摄形式。这种拍摄能较自由地、长时间地表现运动物体或增强静止画面的动感。

利用运动镜头进行拍摄时,要注意镜头的起幅、落幅。起幅是指画面开始时,镜头从静止到运动,落幅是指画面结束时镜头由运动到静止。在拍摄素材时应注意将起、落幅拍的长一些,画面要平稳过渡;如果时间允许,可按不同的运动速度,不同的方向,多拍些运动镜头,这样做有利于后期的剪接。

1.3.3 视频拍摄的基本原则

1. 保持拍摄取景持平

在拍摄前应保持摄像机处于水平位置,这样拍摄出来的画面才不会倾斜,可以以建筑物、电线杆等与地面平行或垂直的物体为参照物,尽量让画面在取景器中保持水平。

2. 保持拍摄稳定

在拍摄过程中,应始终保持拍摄的稳定,不要晃来晃去。一般情况,稳定的画面是制作成功作品的基础。要保持画面的稳定,一般要利用三脚架来进行拍摄。如果没有三脚架,也应尽量寻找可以依靠的物体(如墙壁、柱子、树木),借助其稳定摄像机。当然,有些特殊效果可能需要故意晃动镜头拍摄,应另当别论。

3. 保证拍摄时间

作为素材拍摄的镜头,可以拍的长一些,以给后期剪辑时留有剪切的余地。对于主体运动的画面,以主体运动表现完整为准;对于运动镜头,如推、拉、摇、移等,以完成画面内容的表现为准;对于静止镜头,可根据景别选择拍摄时间,如特写大于2~3秒,中近景大于3~4秒,中景大于5~6秒,全景大于6~7秒,而一般镜头拍摄以大于4~6秒为宜。

4. 运动镜头拍摄要匀速平稳,有起落幅

运动镜头的拍摄,包括推、拉、摇、移等,动作应该做得平稳滑顺,使画面流畅,中间无停顿,更不能忽快忽慢。运动镜头的起点和终点一定要有起落幅,也就是说拍摄要从静止画面开始,至终点位置时要停止运动到静止画面。在拍摄过程中,要避免摇来摇去,像浇花,拉来推去像拉抽屉。一般摇过去就不要再摇回来,只能做一次左右或上下的拍摄。

5. 拍摄要表现主题内容

拍摄要有内容,切不可胡乱拍摄,没有主题内容。在拍摄时,应利用不同的拍摄景别、拍摄方向、拍摄角度和拍摄方式,或充分展示拍摄主体、突出主体形象,或展现环境、相互关系,或达到某种效果等。

6. 构图平衡

拍摄的画面应符合基本的构图原则,有关构图的基本规则参见1.3.4节常用构图技巧。在摄像过程中,应当熟悉规则、学会运用规则,活学活用,顺势而为。同时也不要刻板地去运用"规则",要打破常规、打破束缚,这样创作出的作品才有生命力。

1.3.4 常用的构图技巧

摄像、摄影离不开构图,就像写文章离不开章法一样重要,构图的好坏决定作品的成败。这里介绍几种常用的构图技巧。

1. 永恒的黄金分割定律

"黄金分割"是指将画面分成"井"字,形成横竖各两条线,4个交叉点,其中任何一个交叉点都是安排画面主体的最好位置。一般认为,右上方的交叉点最为理想,其次为右下方的交叉点。这种构图方式较为符合人们的视觉习惯,使主体自然成为视觉中心,具有突出主体,并使画面趋向均衡的特点,如图1-9所示。

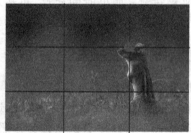

图1-9 黄金分割构图

2. 对角线构图

这种构图把主体安排在对角线上,能有效利用画面对角线的长度,产生线条的汇聚趋势,吸引人的视线,达到突出主体的效果,如图1-10所示。

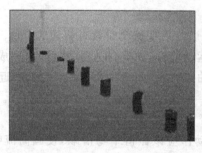

图1-10 对角线构图

3. 三角形构图

指画面中排列了3个点或被摄主体的外形轮廓形成一个三角形。这种三角形可以是正三角,也可以是斜三角或倒三角。其中斜三角形较为常用,也较为灵活。三角形构图具有安定、均衡、灵活等特点,如图 1-11 所示。

图 1-11　三角形构图

4．S 型构图

画面上的景物呈 S 形曲线的构图形式,具有延长、变化的特点,使人看上去有韵律感,产生优美、雅致、协调的感觉。当需要采用曲线形式表现被摄体时,应首先想到使用 S 形构图,常用于河流、溪水、曲径、小路等,如图 1-12 所示。

图 1-12　S 型构图

5．向心式构图

主体处于中心位置,而四周景物呈朝中心集中的构图形式,能将人的视线强烈引向主体中心,并起到聚集的作用。具有突出主体的鲜明特点,但有时也可产生压迫中心,形成局促沉重的感觉,如图 1-13 所示。

图 1-13　向心式构图

6. 垂直式构图

这种构图能充分显示景物的高大和深度。常用于表现森林中的参天大树、险峻的山石、飞泻的瀑布、摩天大楼以及竖直线形组成的画面,如图1-14所示。

图1-14 垂直式构图

7. 水平式构图

这种构图具有平静、安宁、舒适、稳定的特点。常用于表现平静的湖面、一望无际的平川、广阔平坦的原野等,如图1-15所示。

 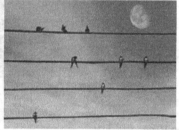

图1-15 水平式构图

8. 均衡式构图

均衡式构图画面结构完美无缺,安排巧妙,对应而平衡,给人以满足的感觉。常用于月夜、水面、夜景、新闻等题材的拍摄,如图1-16所示。

图1-16 均衡式构图

9. 对称式构图

对称式构图具有平衡、稳定、相对的特点，其缺点是呆板、缺少变化。这种构图常用于表现对称的物体、建筑、特殊风格的物体，如图1-17所示。

图1-17 对称式构图

10. 变化式构图

这种构图方式将景物故意安排在某一角或某一边，能给人以思考和想象，并留下进一步判断的余地，富于韵味和情趣。常用于山水小景、体育运动、艺术摄影、幽默照片等，如图1-18所示。

图1-18 变化式构图

1.4 视频动态画面的剪接技巧

一般来说，影视制作的后期，需要将拍摄下来的许多镜头按照一定的要求重新排列、组织、编辑在一起，这就是画面的剪接，而采用的技巧就是"蒙太奇"。人们通常把蒙太奇组接称为影视语言的语法，像做文章一样，蒙太奇中也有"单词"，即拍摄的镜头，也有"句子"，即由镜头组成的片段。一部影视作品由许多段落组成，一个段落又由许多镜头组成，一个镜头和另一个镜头如何连接，在什么地方连接，段落与段落之间如何连接，这是我们下面要讨论的问题。

1.4.1 镜头剪接遵循的条件

1. 符合生活的逻辑

镜头剪接的依据首先是生活的逻辑。任何事物的生成和发展，都有其自身的逻辑。一幢楼房从设计、施工到建成，是一个事件的发展过程；一个机械部件的加工，也有其加工步骤及过程。这是生活本身的规律，这也是画面组接最基本的依据。剪接需要取舍组合，不可能、也没有必要把事件的全过程都搬到屏幕上,应该去掉那些视觉能够接受的镜头,保持屏幕特有的时空连贯,对事物的发展过程重新组合。

剪接要符合生活的逻辑,包括两个方面:一是动作与事件发展的过程符合生活逻辑,另一个是事物之间的联系性和相关性也要符合生活逻辑。

要把动作或事件的发展过程通过镜头组接清晰地反映在屏幕上,必须注意时间的连贯和空间的统一。例如要表现一幅山水画的绘画过程,就要严格按照绘画的时间顺序来剪接,如果后面的镜头编辑在前面,就会造成不符合生活逻辑的情况。再如要讲述一台机床的使用操作,应先表现机床的全景有哪些组成部分以及各个部件的位置,然后再展现具体操作步骤,这样做是从空间上符合生活的逻辑。

事物与事物之间往往存在着一种逻辑关系,可能是因果关系、对应关系、平行关系、冲突关系等。在剪接中,可以依据这些内在关系进行剪接,这也是符合生活逻辑的。例如,一个人举枪瞄准天空,观众自然会想知道他瞄的是什么?当他扣动扳机时,观众会想知道他是否打中。按照这种因果关系进行剪接,才能揭示事物的真相。

2. 符合观众欣赏的心理逻辑

剪接除受生活逻辑的影响外,很大程度上受到观众欣赏时的思维逻辑的影响。拿画面来说,镜头的景别变化就是人们注意过程中注意力转移的要求;镜头的长度就是人们视觉刺激程度的要求;镜头角度的变化就是人们观察事物时视点变化的要求。还有一些心理感受的要求,如对内容的感受、对情绪的感受等,所有这些都是由观众的思维逻辑触发而产生的。因此,在镜头剪接时必须考虑观众的接受程度。

了解画面内容是人们欣赏时的基本要求。不同景别的变化,满足了人们了解画面内容的不同要求,只有正确运用才能取得预期的效果。远景适合于介绍大场面的环境,如山川、田野、街道、集合的人群等;全景适合介绍室内环境和任务活动,如会场、课堂、某个环境中的人等;中景适合介绍人或物的位置、状态及相互间的关系等;近景、特写则适合表现人或物的细部、动作或情绪等。

了解事件的环境与过程,也是观众欣赏的心理要求。在剪接时,原有的事物经过了省略和重新组合,如果忽略了某些镜头的表意作用,就可能会造成观众理解的混淆,产生交代不清的错误。

3. 符合艺术的逻辑

镜头的剪接,在许多情况下并不是去叙述一个过程,而是为了某种艺术的表现,表达一种情绪和情感。例如,通过镜头长度的变化,在观众的感受上可以引起完全不同的情绪。短而快的都市镜头的剪接,可以渲染一种时尚的气氛;而较长的自然风光镜头的剪接,会产生一种舒缓、平稳的情绪效果。

1.4.2 镜头剪接的一般原则

1. 视觉连续

镜头剪接的最基本要求,就是要在转换中使人的视觉注意力感到自然、流畅,使人的注意力从这一镜头自然地转到下一个镜头,不要产生视觉的间断感和跳跃感。

视觉跳动是一种很微妙的心理现象。画面和画面的连接本身是一种形象的中断,但只要合理剪接,就不会产生中断感。两画面间景别发生了较大的变化,例如从全景到中景,实际上发生了很大的空间位移,但跳跃感却不大;而相同背景中的一点点错位,只是小幅度的变化,却造成了视觉跳动,这是什么原因呢?

完形心理学家给出了合理的解释,他们认为,对"形"的感受,并不是"形"的简单反映,而是知觉经验的一种组织、一种结构。这种知觉经验被解释为一种能动的自动调节倾向,例如两根相随的线"--",人们会认为是一根线的暂时中断,一个留有缺口的圆,缺口会自动补齐,被看作是一个圆。依据这种理论,视觉连续并不是画面的连贯,而是观众运用自己已有的知识和经验填补空白的一种完整的感受。

为了达到这种视觉连续,在剪接中应注意以下因素:

1)画面内物体的形态特征

这里的形态包括人的动态、物体的形状、线条走向、景物轮廓等。镜头连接时,两个画面的主体形态相同或相似,容易获得视觉的流畅感,如图1-19所示。

图1-19 按主体的形态剪接

图1-20中显示的是一组依照形状相似剪接的镜头,依次为一栋细长的尖顶房子、一位皇家卫兵笔直地站立着、一瓶啤酒、一个打火机等。这些画面之间除了形状的相似,没有任何其他意义上的联系。这些形状相似的内容连续组接,使人感到贴切、自然、生动。这种思考不是单纯的线性思维,而是充分展开想象和联想的翅膀,选择大千世界中形状相似的物件积累叠加,共同强化一种形状,用形状来表意,用形状来抒情,用形状传达视觉的美感。

图1-20 按物体的形状剪接

造成视觉跳动的原因很多,如两画面间物体的形态差别太大;两画面间物体虽然相似,但景别变化太大;主体在两画面中的位置相反;两画面间视线或方向明显的不一致等。

2) 画面内物体的动态特征

动势的产生有多种原因,包括画面内主体的运动、摄像机的运动、不同主体的运动等。这些运动因素造成的动势如果在画面剪接中能够顺畅地进行,画面的视觉效果就会是连续的。一旦这种动势被切断,动作就失去了原有的方向和节奏,这时就会产生视觉跳动。

造成视觉跳动的原因主要包括:两画面间运动方向不一致;两个镜头的运动速度明显不一样;动作在剪接中,出现重复或间歇;从静到动或从动到静的突然切换等。

3) 其他因素

还有一些因素也会影响视觉的连贯。如影调的变化对视觉连贯影响很大,大反差影调的两个镜头组接,会造成很大的视觉跳跃;景别和角度的变化一定要大些,变化太小,会造成好像是摄像机的抖动;色彩的跳跃虽然对视觉连续影响不是很大,但过于频繁,也会使人感到不顺畅,要尽量注意色彩的统一。

应该注意,剪接的目的不是为了视觉连贯而是为了表达主题内容,切忌机械地追求流畅,被连贯束缚了手脚。

2. 位置连续

不同画面中主体位置的变化会对视觉的连贯性产生影响,根据主体在画面中所处的位置,我们可以把画面分成左、右两个区域或左、中、右 3 个区域。无论是静止的或运动的主体,也无论是同一主体或不同的主体,它们在上下镜头连接时,主体的位置都有一定的对应关系。

1) 主体位置在相同区域的连接

相同区域的连接主要特征是主体重合,也就是说第一个镜头的注意中心自然地变换到第二个镜头的注意中心,通过这种视觉注意力的固定位置造成视觉的连贯性。

对于静止的主体,同视轴变换景别时,主体在画面中的位置应保持在画面的同一侧,这是最一般的画面组接原则,如图 1-21 所示。如果违反这一原则,就会造成视觉上的跳动。

图 1-21　静止主体在相同区域连接

当同一人物的活动或对话变换景别时,也要使人物始终处于画面的同一侧,如图 1-22 所示,这种镜头的变换是正确的,两个人物的位置没有发生变化。

对于不同主体的连接,如不同的商品、不同的建筑、不同的景物等,也应使主体尽量保持在画面的同一区域,如图 1-23 所示。图中虽然主体发生了变化,但主体所处的区域未变。如果主体区域发生了变化,就会造成视觉的间断感。

对于运动的主体,主体的位置也应处于画面的相同区域。一般来说,同一主体向一个方向运动时,剪接点应选在主体形象重合的位置。如图 1-24 所示,奔驰的火车、迎风破浪的轮船都在朝着一个方向前进,且主体都处于中心位置,表现了一种动作趋势。

图 1-22 同一主体在相同区域的连接

图 1-23 不同主体在相同区域的连接

图 1-24 运动主体的剪接

2) 主体位置在相反区域的连接

主体位置处于相反区域的连接,一般是为了使画面内容之间建立起一种逻辑关系。虽然视觉重点发生了变化,但这种逻辑关系造成了一种心理平衡,形成一种整体上的连续感。

两种有明显冲突的对立因素出现时,如决斗的双方、相对跑来的两个人、枪与靶等,应使主体处于两个画面的相反位置,如图 1-25 所示。

两个有对应关系的主体组接时,如谈话的双方、演讲者与听众、动作者和动作的对象等,也应在画面的相反区域,如图 1-26 所示。

图 1-25　主体位置在相反区域的连接

图 1-26　演讲者与观众

3）主体位置在相邻区域的连接

当主体的拍摄角度相差 45°或 90°时，两个镜头的组接应使主体处于相邻的画面区域，如图 1-27 所示。

4）特写的作用

特写，一般占据画面的大部分，没有明显的画面方位感，它的出现作为一种短暂的强刺激，分散了人们对前一个画面的记忆，当一个新画面出现时，人们又重新开始建立一个新的参考点，因此就感觉不到视觉阻碍了。在许多情况下，组接遇到麻烦时，就用特写镜头来弥补，因此特写镜头也称"万能镜头"。如图 1-28 所示，前面是一组海岸的运动镜头，如果直接从一望无垠的大海切换到鱼市的镜头会感到有些突兀，中间加一个渔船的特写镜头，既符合逻辑，又感觉不到画面的跳动。

图 1-27 主体位置在相邻区域的连接

图 1-28 特写的运用

3. 画面内主体运动的剪接

在剪接中，人物的动作和物体的运动连贯与否，会影响一部作品结构的完整和节奏的流畅。这里所说的运动，包括画面内主体的运动和镜头的运动等。要达到运动的连贯，首先要掌握正确的主体运动连接的基本规律。

1）主体的动作连接

一般来说，在寻找两个镜头的剪接点时，总有一定的动作连贯因素，按动作进行连接是剪接工作的基本要领。

（1）相同主体的动作连接。

一般可以用不同的景别和角度来表现一个完整的动作。例如，一个人走到沙发前，转身坐下去，这是一个简单的动作过程。这样一个过程可以用不同景别、不同角度的几个镜头表现。几个镜头剪接时，要保持动作的连贯，又不产生视觉跳动，剪接点应选择在动作中间或动作的瞬间停顿时，也就是可以在沙发前停顿的瞬间或坐下的过程中切换。

动作中切，是一种常用的动作剪接方法，景别变化所引起视觉不协调会因为这种动势的流程而淡化。在动作剪接时，剪接点一般应设在全景中整个动作过程的三分之二处。这是因为全景中动作幅度较小，需要较长的感受时间，而近景应占动作的三分之一。

剪接时,可供镜头转换的动作依据很多,如人的起坐、行走时身体的起伏、手的动作等都可以作为切换的契机。

(2) 不同主体的动作连接。

对于不同的主体的动作连接,要尽量保持主体运动动势一致。在两个镜头相接时,要使两个镜头的运动走向自然相连。例如,从单杠大回环镜头切换到跳马的空翻落地,就是利用动势保持视觉的连续。

对于不同的主体的动作连接,也可将具有相似的动作形态的镜头连在一起。例如,旋转的舞蹈演员接滑冰运动员的旋转,就是利用相似的动作形态进行剪接。

利用不同的运动主体在画面中占据相同位置的方法,也可以达到使视觉顺畅、连续的效果。例如,在跟拍街上熙熙攘攘的人群时,从不同景别、不同角度拍摄,注意保持主体在画面的中间位置,就能获得视觉流畅的效果。

2) 主体的运动范围

主体在画面空间中运动范围的大小,会影响屏幕的时空关系。一般情况,为了营造统一的空间感,在同一空间范围活动的段落,都采用不出不入的剪接方法,即上一个镜头结束时主体在画面中,下一个镜头开始时主体仍在画面中。这种镜头的变化只代表一种视点的变化,这样能够保持屏幕上空间的统一感和时间的连续感。

出画入画通常是表现空间转换的方法。表现空间变化时,从办公室到街上,从城市到农村,从家庭到学校等,经常让人物从前一个环境的镜头中走出画面,再从后一个镜头中走入画面。

出而不入或入而不出也是表现空间变化的常用方法。这种方法是指前一个镜头主体走出画面,下一个镜头主体已在画面中,或前一个镜头主体在画面中,下一个镜头主体从外面入画。这种组接方法,一般要求不入画的镜头中主体要处于运动中,这样剪接起来,主体动作的动势才能得以延续。

在电视片的剪接中,遮挡主体是一种变换空间环境和变换景别的常用方法。它是利用一些自然的物体的运动,如行人、车辆等,把主体遮住,造成视觉注意的暂时分散,在无意中把不同的空间连在一起。

3) 主体的运动速度

动态组接时最基本的原则是等速度连接。上下镜头中运动的主体保持等速度的运动,会给人平稳、流畅的感觉。一般来说,同一主体的运动,比较容易使运动速度保持一致,但不同主体的镜头有时很难保证运动速度相同。因此,在拍摄、选择素材时要倍加小心。

不同的景别,对同一速度运动的物体,会造成不同的运动速度感觉。景别越大,给人的运动感越缓慢,景别越小,则动感越强烈。因此,在拍摄、剪接时,要注意根据景别选择合适的速度。

4. 运动镜头的剪接

为了使镜头的转换过渡顺畅,必须按照镜头运动和主体运动的基本规律来进行剪接。运动镜头的连接形式有静接静、动接动、动接静、静接动等几种形式。

1) 固定镜头之间的组接——静接静

固定镜头是指摄像机以某一视点固定不变拍摄下来的镜头,固定镜头从镜头的运动形态看是静止的,但画面内容有可能是静止的或运动的。因此,剪接时要注意静止物体之间和静止动作间的组接两个方面。

（1）静止物体之间的组接比较简单，可以用静接静来进行，主要根据内容的因素和造型的因素来剪接即可。内容因素可以使静止的物体之间具有一种逻辑关系，使它们之间产生一种相互关联。造型因素可以使不同的物体间形成一个顺畅的统一体。例如，前面提到的将主体形体具有相似特征的画面剪接起来，形成一组镜头等，如图1-20所示。

（2）在两个镜头的组接中，如果一个镜头内主体是运动的，另一个主体是静止的，在剪接时要寻找动作静止的时刻剪切，也就是说，选择在主体运动的停歇点切换，这样在相接的两幅画面中两个主体都处于静止状态，也是一种静接静的状态。

（3）对于两个具有明显动势的固定画面组接，如体育片、歌舞片等，其镜头的运动形态是静止的，但主体动作是动态的，这类画面剪接时，是一种动接动的状态，应以动作的运动因素作为剪接的依据。例如，生产线上各种物件的移动，画面内的主体是运动的，而镜头拍摄的是固定镜头。组接这类镜头时，应截取精彩的动作瞬间或选择完整的动作过程。

2）运动镜头之间的组接——动接动

运动镜头是指摄像机处于运动状态拍摄的推、拉、摇、移等镜头，镜头的运动形态是运动的，画面中的主体可能是静止的，也可能是运动的。这类动态镜头的组接应注意以下几点：

（1）一般来说，两个运动镜头剪接时，镜头的运动方向和速度应尽量保持一致，切忌像摇筛子式的摇来摇去或像打气筒式的推上拉出。两运动镜头的组接，要去掉起幅落幅，在运动中剪接。例如，利用连续的推镜头，从地球到某城市再到某房间，用来表现某个事件发生的位置；在表现风景时，可以采用连续的摇镜头形成长卷式的画卷。

（2）有些特殊情景，如在表现烦乱、复杂的情况时，也可采用交叉运动的剪接方式。例如，表现车水马龙的街景，可以采用反方向运动的车辆剪接在一起的方式。

（3）当既有镜头的运动，又有主体动作时，要注意主体运动的动作趋势和主体在画面中的位置，把握住主体运动、摄像机运动、造型因素等，有机地选择剪接点。例如，可以通过大街上交错行驶的车辆（固定镜头且主体运动）、自行车的运动（运动镜头）、行进的人流等，展示一种动感和节奏，给人一种生机勃勃的感觉。

3）固定镜头和运动镜头之间的组接

固定镜头与运动镜头连接时，也要注意将主体动作、摄像机运动有机地结合起来，处理这类连接应注意以下几点：

（1）当固定且主体静止的镜头与运动镜头连接时，可采用运动镜头的起落幅作为剪接点，这样剪接点处于一种静止状态，是一种静接静的连接方式。

（2）当固定且主体运动的镜头与运动镜头连接时，可利用主体运动的动势，把镜头的运动与画面内主体的运动协调起来。例如，一辆汽车行驶的跟拍画面，切换到一个汽车驶向画面深处的固定画面，这就是利用主体运动的动势使两个画面产生了和谐的运动流程。

（3）利用因果关系等内在因素，可实现固定镜头与运动镜头的连接。例如，跟拍骑手的骑马镜头，然后切换到观众喝彩的固定镜头，这是利用一种呼应关系把两者结合在一起。

5. 使用过渡效果的剪接

过渡效果也称为转场、切换，主要用于在影片中从一个场景转到另一个场景，利用这种技术，可以在不同画面之间创作出令人眼花缭乱的效果。转场的方法多种多样，但通常可以分为两类：一种是用特技的手段作转场，另一种是用镜头的自然过渡作转场，前者也叫技巧转场,后者又叫无技巧转场。

随着数字技术的发展,技术转场效果越来越多,令人目不暇接。下面按照主要类别做些简单介绍。

1)淡出与淡入

淡出是指上一段落最后一个镜头的画面逐渐隐去直至黑场,淡入是指下一段落第一个镜头的画面逐渐显现直至正常的亮度,淡出与淡入画面的长度,一般各为 2 秒,但实际编辑时,应根据影片的情节、情绪、节奏的要求来决定。有些影片中淡出与淡入之间还有一段黑场,给人一种间歇感,适用于自然段落的转换。

2)划像

划像可分为划出与划入。前一画面从某一方向退出荧屏称为划出,下一个画面从某一方向进入荧屏称为划入。划出与划入的形式多种多样,根据画面进、出荧屏的方向不同,可分为横划、竖划、对角线划等,如图 1-29 所示。划像一般用于两个内容意义差别较大的段落转换时。

图 1-29 不同的划像效果

3)叠化

叠化指前一个镜头的画面与后一个镜头的画面相叠加,前一个镜头的画面逐渐隐去,后一个镜头的画面逐渐显现的过程。在电视编辑中,叠化主要有以下几种功能:一是用于时间的转换,表示时间的消逝;二是用于空间的转换,表示空间已发生变化;三是用叠化表现梦境、想象、回忆等插叙、回叙场合;四是表现景物变幻莫测、琳琅满目、目不暇接。

4)二维变换

二维变换的形式多种多样,如伸展变换、缩放变换、几何变换等,如图 1-30 所示。配合画面内容,合理利用这些特技转场效果,可以产生意想不到的效果。

图 1-30 不同的二维变换效果

5)三维变换

这种过渡效果通过三维立体的变换,可以产生立体感觉的过渡。翻页是一种典型的三维变换,指第一个画面像翻书一样翻过去,第二个画面随之显露出来。翻页的形式可以多种多样,可以从不同方向、不同位置翻页。另外还可以如两个画面像纸张两面一样被翻转,画面附着在立方体的不同侧面被翻转等效果,如图 1-31 所示。

图 1-31　不同的三维变换效果

本 章 小 结

　　本章主要介绍了数字音视频的基础知识、视频画面的拍摄、构图技巧和视频动态画面的剪接技巧。基础知识部分包括音频的基本特性、数字音频的概念、音频的数字化、视频的基本特性、数字视频的概念、视频数字化的基本过程等内容；视频画面的拍摄、构图部分简要说明了拍摄的基本要素、基本原则、常用的拍摄方式和构图技巧；视频动态画面的剪接技巧部分简述了镜头剪接应遵循的条件和一般原则。

　　讲述这些知识的目的是使大家对常用的音视频基础知识有所掌握，对视频拍摄和后期剪辑应遵循的规律有所了解，以便为后续的学习打下基础。

第 2 章 音频资源的获取及编辑

数字音频已经有比较"悠久"的历史,大概与计算机的历史差不多。早期,数字音频主要用来创造各种变形的声音,为艺术家的作品添加色彩。当计算机变得便宜,数字音频技术也变得越来越普及,CD 和 MP3 已经取代磁带设备,成为人们听音乐的首选。本章主要对数字音频技术以及相关录制和编辑操作做一个简单介绍。

2.1 数字录音

2.1.1 数字录音和模拟录音

1. 模拟录音

音箱中喇叭的发声原理非常简单,就是通过电磁感应现象,将变化的电流转为盆膜的振动,从而产生空气的振动,接着人耳就会听到声音了,如图 2-1 所示。因此,只要振动的频率在人耳能够接受的范围之内并且有足够强大的电流输入喇叭,人耳在足够近的声场距离内就可以得到声压,也就是听到声音。当然,在大家计算机上常用的多媒体有源音箱除了有喇叭,还有电流放大和功率放大的器件,这些器件的作用就是将输入的声音电流的功率放大至喇叭可以发出声音的范围。

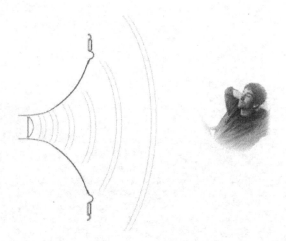

图 2-1 振动的喇叭

实际上,声音是一种波,世界上的声音千变万化,是因为不同声音的波形是不一样的,如图 2-2 所示,显示说 Hello 这个词时产生的波形。依据电声原理,要记录声音,就是要记录能引发声音的模拟波,然后喇叭可以根据模拟波来回放声音。托马斯·爱迪生于 1877 年制作出第一台录放装置,用一台很简单的机械装置以机械方式储存模拟波。爱迪生制作的原始电唱机用振动膜直接控制针,再由针将模拟信号刻写到锡箔圆筒上。在对着爱迪生发明的装置说话时转动圆筒,针即在锡筒上"录"下所说的话。要回放声音,针必须经过录音期间所刻写的凹槽,回放时,当初刻入锡箔内的振动记录使针振动,并使振动膜振动发声。后来,爱迪生对该系统进行了改进,制造出使用针和振动膜的纯机械式留声机,如图 2-3 所示。留声机主要改进的是使用带有螺旋凹槽的平面唱片,这使大规模生产唱片变得易行。现代留声机的工作方式与之相同,但由针读取的信号是通过电子方式放大,而不是直接通过振动机械和振动膜。

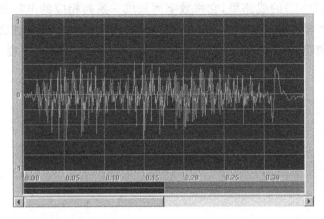

图 2-2 说 Hello 时产生的声音波行

留声机是用物理的方式来记录声音的模拟波,磁带的出现,使人们可以利用磁信号来记录声音。如图 2-4 所示,录音时,声音使话筒中产生随声音而变化的感应电流——音频电流,电流经过电路放大后,进入录音磁头的线圈中,由于通过线圈的是音频电流,因而在磁头的缝隙处产生随音频电流变化的磁场,磁带紧贴着磁头缝隙移动,磁带上的磁粉层被磁化,故磁带上就记录下了声音的磁信号;放音时,磁带紧贴着放音磁头的缝隙通过,磁带上变化的磁场使磁头线圈中产生感应电流,感应电流的变化与磁信号相同,即磁头线圈中产生的是记录的音频电流,这个电流经放大后,送到扬声器,扬声器就把音频电流还原成声音。

图 2-3 留声机

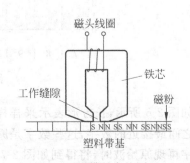

图 2-4 磁带录音的原理

2. 数字录音

所谓数字音频是指对原声模拟信号进行一系列数字化处理,即在数字状态下进行记录;回放时,经信号处理设备再恢复成有一定保真度的模拟信号。把模拟音频转成数字音频,在数字世界里就称作采样,其过程所用到的主要硬件设备便是模拟/数字转换器(Analog to Digital Converter,ADC)。采样的过程实际上是将通常的模拟音频的电信号转换成许多称作"比特"的二进制码 0 和 1,这些 0 和 1 便构成了数字音频文件。数字音频又是如何播放出来的呢?首先,将这些由大量数字描述而成的音乐送到一个叫做数/模转换器(Digital to Analog Converter,DAC)的线路里,它将数字回放成一系列相应的电压值,即声音的电流模拟信号。然后,这些模拟信号可继续发送至放大器和扬声器,电流经过放大再转变成声音。例如,下面是一个典型的声波(此处假定水平坐标轴上的每个时间刻度为千分之一秒),如图 2-5 所示。

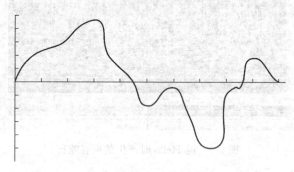

图 2-5 声波样例

使用模数转换器对声波进行采样时,可对两个变量进行控制:
- 采样频率——控制每秒的采样次数。
- 采样精度——控制采样的梯级数(量化等级)。

在图 2-6 中,假定采样率为每秒 1000 次,采样精度为 10。

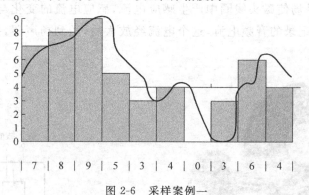

图 2-6 采样案例一

如图 2-6 所示,长方形表示采样样本。ADC 每隔千分之一秒查看一次波形,并选取 0 到 9 之间最接近的数字,这些数字是原始波的数字表示(显示在图表底部)。当 DAC 通过这些数字再现原始波时,将得到如图 2-7 所示的棱角分明的虚线。可以看到虚线丧失了相当一部分在原来声波线中发现的细节,这意味着再现声波的保真度不是很高。在声波采样过程中出现的这种误差就是采样误差。如果希望减少采样误差,需要增加采样频率和精度。

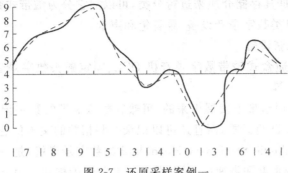

图 2-7 还原采样案例一

如图 2-8 所示,采样频率和精度均提高了 3 倍(每秒采样 4000 次,40 个梯级)。可以看到,随着采样频率和精度的增加,保真度(原始波与 DAC 输出之间的相似性)也将提高。对于 CD 的音质,保真是一个重要的目标,因此在采样频率为每秒采样 44 100 次、梯级数为 65 536 的水平下,DAC 输出的模拟波与原始波形的匹配程度很高,使得大多数人的耳朵感觉声音几乎是"完美"的。

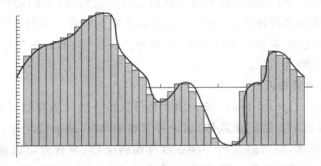

图 2-8 采样案例二

3. 两者比较

总体上,数字录音要优于模拟录音,这也非常明显地反映在音频设备的发展趋势上。具体而言,两者之间的技术优劣体现在以下几个方面:

- 数字录音录制好的声音是以数字来储存的,而数字的传输错误率是相当低甚至是可以避免的,所以录制好的声音可以多次复制而效果不减(这在制作过程中十分重要)。而模拟信号则每传输一次就失真一次,如模拟电流传输过程中的失真、唱片的物理磨损和磁带的磁性减弱等。
- 模拟录音的本底噪音很大,这些噪声叠加在声音信号上可使音质劣化。要想满足严谨的录音要求则需要购买复杂而又昂贵的设备,操作也十分烦琐。
- 数字音频的后期处理非常方便,通过使用一些优秀的数字音频软件,很多声音的编辑和音效处理工作可以在弹指一挥间完成。
- 数字音频是以文件的形式存储的,现在,随着大容量存储设备的出现,录制和存储音频的单位价格越来越低;而且,随着计算机及其网络的发展,对音频文件的管理和传输也越来越简单方便。

2.1.2 常见的数字录音设备

数字录音设备依据其存储介质来进行分类,可以把它分为磁带式数字录音设备、磁光盘类数字录音设备、硬盘类数字录音设备、录音笔和声卡。

1. 磁带式数字录音设备

磁带类里又有普通盒式磁带数字录音机 DCC、固定磁头数字录音机 DASH 和旋转磁头数字录音机 RDAT 等。

DCC 是一种在普通卡带上发展出来的,可兼容模拟卡带的数字记录格式。从技术指标上看,DCC 已经达到 CD 的音质,而且还可以记录一些相关的文本信息。

DASH(Digital Audio Stationary Head)格式的数字录音机,是一种固定磁头的数字磁带录音机,而根据磁带宽度和带速的不同,其中又有若干种格式。由于磁带在工作时裸露在外,上带、卸带很容易使磁带沾上尘埃、带上指纹或被划伤,因而增加误码率。

旋转磁头的数字录音机,称为 RDAT,有两轨 DAT 和多轨 DATR,是 20 世纪 70 年代在录像机基础上,采用 PCM 编码发展而来的。在一些电台、电视台以及一些家庭录音棚中,8 轨的 DAT 的使用率还是挺高的。

以磁带为载体的数字录音机,从音质上讲,不会有太多问题,但是毕竟没有脱离磁带、磁头这些易磨损的不大可靠的媒体,如果数字音频磁带受损后,因丢码而产生的噪音,不像模拟方式下的高频损失声音那样发闷,它往往是难以忍受的噪音。另外,作为广播节目的制作部门,经常要做一些烦琐、复杂的剪辑工作,比如剪去一个字、前后调顺序等,这种磁带方式的数字录音设备就无能为力了。

2. 磁光盘类数字录音设备

磁光盘(Magnetic Optical Disk,MO)原本是计算机上的外围存储设备,20 世纪 90 年代初,已被开发成一种数字音频记录载体,国内外都曾有 MO 录音机问世。从性能上看,MO 没有使用数据压缩技术,但可以进行一些非线性编辑工作,放音时可以像使用 CD 一样,比较适合电台、电视台的日常工作。不过,MO 刚刚出现时,由于其价格一直未能降到普及水平,从而影响了这一类型产品的推广。

另外,与 MO 非常相像的就是 MD(Mini Disk),只是 MD 采用了数据压缩技术,可以节省相当一部分存储空间。经过主观音质评价,6∶1 以下的数据压缩,人耳基本上是听不出音质上的变化的。MD 使用了数据缓冲技术,防震性能很好,使用也很方便。再者,MD 盘比较便宜,所以 MD 的普及率要高很多。

除了磁光盘类型的数字录音机,还有一些使用计算机 3 英寸磁盘的录音机,不过记录时间才几十秒,这种磁盘录音机很快就被淘汰了。光盘类还有 CDR(可写 CD),同时还出现了可反复擦写的 CDR,多用于节目交换、资料保存等,但在节目制作过程中,用途不多。

3. 硬盘类数字录音设备

硬盘录音机,虽然出现相对较晚,但发展得很快。一般使用较多的是 8 轨、16 轨硬盘机。硬盘机读取时间快,除了具备与 MO、MD 相似的剪、移、合并、删除和消除等编辑功能外,还增加了复制、撤销等功能,用起来非常灵活。

比如有些硬盘机除有 8 个真实轨外,每一轨里还可以有许多条虚拟轨。假如有个歌手在录唱,一遍已经比较满意了,但还想唱得更好,在磁带方式下要么洗掉刚才那一轨,要么再多占一轨。如果原来的被洗掉了,而补唱的可能还不如原来的,后悔可来不及了。而硬盘机提供了虚拟轨,只要硬盘空间允许,就可以在同一真实轨里录好几个虚拟轨,然后可以比较哪一遍最好。

硬盘机的另一个好处是准确、方便的同步功能。用过 8 轨 DAT 的人往往会发现,有时用久了,同步会差出几帧甚至更多,特别是做电视广告的,同步要求很严格。另外用磁带录音机与 MIDI 音序器同步时,先要录一轨同步码,既费时又占轨。而一般的硬盘录音机都具有比较完善的同步功能,既可以与视频设备同步也可与 MIDI 设备同步,还可以与其他硬盘机同步,其同步码有 SMPTE 码、MIDI 的 MTC 码等多种类型。

硬盘机一般也都提供了简单的调音台、跳线盘等功能,有的还可以加装显示卡,把各轨信号的波形与相应的操作在计算机显示器上显示出来,很像一部数字音频工作站。

4. 录音笔

数码录音笔,数字录音器的一种,造型如笔型,如图 2-9 所示,携带方便,同时拥有多种功能,如 MP3 播放等。与传统录音机相比,数码录音笔是通过数字存储(闪存)的方式来记录音频的。相比前面介绍的磁带式、磁光盘类和硬盘类录音设备,录音笔因小巧,携带方便的优点,更加贴近大家的日常生活,成为了人们的日常数码消费品。

图 2-9 录音笔

数码录音笔通过对模拟信号的采样、编码将模拟信号通过数模转换器转换为数字信号,并进行一定的压缩后进行存储。而数字信号即使经过多次复制,声音信息也不会受到损失,会保持原样不变。录音时间的长短是数码录音笔非常重要的技术指标。根据不同产品之间闪存容量、压缩算法的不同,录音时间的长短也有很大的差异。目前由于闪存越来越便宜,压缩算法不断改进,录音时间的长短不再成为问题。

另外,从音质效果上,通常数码录音笔要比传统的录音机好一些。录音笔通常标明有 HP/SP/LP 等录音模式,HP 的音质是最好的、SP 表示短时间模式,这种方式压缩率不高,音质比较好,但录音时间短。而 LP 表示 LongPlay,即长时间模式,压缩率高,音质会有一定的降低。不同产品之间肯定有一定的差异,所以您在购买数码录音笔时最好现场录一段音,然后仔细听一下音质是否有噪音。

5. 声卡

声卡(Sound Card)也叫音频卡,是多媒体技术中最基本的组成部分,是实现声波/数字信号相互转换的一种硬件。

从严格意义上说,声卡算不上一套完整录音设备,它只有与计算机结合才能实现录音功能。现在的个人计算机一般都具有多媒体功能,声卡是多媒体计算机中用来处理声音的接口卡。它有3个基本功能:一是音乐合成发音功能;二是混音器(Mixer)功能和数字声音效果处理器(DSP)功能;三是模拟声音信号的输入和输出功能。

声卡可以把来自话筒、收录音机、激光唱机等设备的语音、音乐等声音变成数字信号交给电脑处理,并以文件形式存盘,还可以把数字信号还原成为真实的声音,输出到耳机、扬声器、扩音机、录音机等声响设备,或通过音乐设备数字接口(MIDI)使乐器发出美妙的声音。声卡工作应有相应的软件支持,包括驱动程序、混频程序和各种音乐播放、录制和编辑程序等。

声卡发展至今,主要分为板卡式、集成式和外置式3种接口类型,以适用不同用户的需求。

1) 板卡式

板卡式声卡产品是现今市场上的中坚力量,产品涵盖低、中、高各档次,售价从几十元至上千元不等。早期的板卡式产品多为ISA接口,由于此接口总线带宽较低、功能单一、占用系统资源过多,目前已被淘汰。目前,PCI则取代了ISA接口成为主流,它拥有更好的性能及兼容性,支持即插即用,安装使用都很方便。

比较专业的数字录音棚用到的声卡一般都是板卡式的,它们属于专业的录音声卡,如图2-10所示。

图2-10 专业录音声卡

2) 集成式

顾名思义,集成声卡是集成在主板上的,具有不占用PCI接口、成本低廉、兼容性好等优势,能够满足普通用户的绝大多数音频需求,因此受到市场青睐。而且集成声卡的技术也在不断进步,PCI声卡具有的多声道、低CPU占有率等优势也相继出现在集成声卡上。

3) 外置式声卡

外置式声卡是创新公司独家推出的一个新兴事物,它通过USB接口与PC连接,具有使用方便、便于移动等优势。但这类产品主要应用于特殊环境,如连接笔记本计算机实现更好的音质等。

3种类型的声卡产品各有优缺点。集成式产品价格低廉,技术日趋成熟,占据了较大的市场份额,目前已成为个人多媒体计算机的主流;PCI声卡将继续成为中高端声卡领域的中坚力量,毕竟独立板卡在设计布线等方面具有优势,更适于音质的发挥;而外置式声卡的优势与成本对于家用PC来说并不明显,仍是一个填补空缺的边缘产品。

2.1.3 话筒的特性与适用场合

话筒(Microphone,音译为"麦克风"),也叫做传声器,是声电转换的换能器,是在录音中拾取声音信号,并将声音信号转换成电信号的基本设备。话筒在录音过程中的位置非常重要,因为无论你的声卡、计算机或录音机有多高级,如果话筒不好,传进来的声音质量非常差,那么录音的效果无论怎样也好不到哪里去。

话筒的分类很多,按用途分类,可以分为录音(广播)及演出用话筒、通讯用话筒和专业测量用话筒等;按照换能方式来划分,话筒可以分为电动式(包括动圈式和带式)、电容式(包括驻极体式)、电磁式、压电式等。另外,还有其他一些划分方式,比如按照振膜受力、指向、有线无线等来划分。

大家经常用来录音的话筒一般是动圈式和电容式两种。动圈话筒是最常见的话筒,卡拉OK练歌房里摆的都是它。动圈话筒的价格比较便宜,作为初学者,同时预算吃紧的话,可以先购买一支性能不错的动圈话筒来练习。如果资金比较充裕,建议还是使用一个电容话筒来录音,一般说来,个人工作室里几乎都是使用电容话筒来录音。电容话筒的特点是灵敏度高,频响范围宽,音质好,是专业录音中最常用的话筒。

在使用话筒录音的过程中,一定要注意话筒的拾音指向。指向性用来描述话筒对于来自不同角度声音的拾音灵敏度,根据指向性不同,话筒可以分为全指向、双指向、单指向、超指向等类型。

1. 全指向

全指向式话筒对于来自不同角度的声音,其接收灵敏度是基本相同的,如图2-11所示,也就是说,话筒可以拾取来自四面八方的声音。这类型的话筒常见于需要收录整个环境声音的录音工程,或是声源在移动时,希望能保持良好拾音的情况。演讲者在演说时佩带的领夹式麦克风属此类型。全向式的缺点在于容易被四周环境的噪音影响,其优点是价格比较便宜。

2. 双指向

双指向也称作8字形指向,如图2-12所示,因为这种指向类型的话筒对来自话筒正前方和正后方的音频信号具有同样高的灵敏度,但对来自话筒侧面的信号不太敏感,这样,其拾音范围呈现在图纸上,就很像是一个8字,而话筒的位置就正好处于这个8字的切分点上,故而得名。此类型话筒的实际应用场合不多。

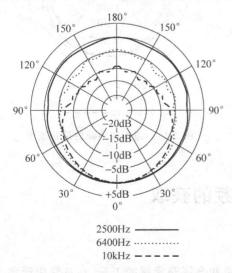

图2-11 全指向话筒的录音范围

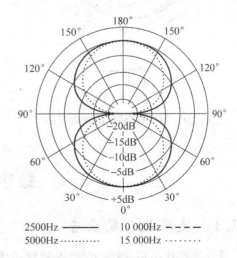

图2-12 双指向话筒的录音范围

3. 单指向

单指向也称作心形指向,如图 2-13 所示,因它的拾音范围很像是一颗心而得名。此类话筒对正前方声音的拾音灵敏度非常高,而到了话筒的侧面(90 度处),其灵敏度也不错,只是比正前方要低 6 分贝,但对于来自话筒后方的声音,它则具有非常好的屏蔽作用。而正是由于对话筒后方声音的屏蔽作用,心形(单)指向话筒在多重录音环境中,尤其是需要剔除大量室内环境噪声的情况下,非常有用。除此之外,这种话筒还可以用于现场演出,因为其屏蔽功能能够切断演出过程中产生的回音和环境噪音。在实际中,心形指向话筒也是各类话筒中使用率比较高的一种。

需要注意的是,像所有的非全向形话筒一样,心形指向话筒会表现出非常明显的临近效应。临近效应,是指声源靠话筒比较近的时候,出现的一种低频提升现象。任何话筒都会出现这种现象,但不同的话筒,体现出的这个特点也不一样。

4. 超指向

超指向也称作超心型指向,它的取音范围像个蘑菇,如图 2-14 所示,超指向话筒也只能拾取来自正面的声音,但拾取的声音范围很小,只拾取来自正对着话筒方向的声音。

总的说来,大部分话筒的拾音范围,即指向性,是固定的,但也有一些话筒,有一些标志和开关,可以用来设置话筒的指向,大家可以根据自身的录音场合和情况来选择合适的指向。

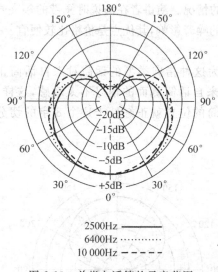

图 2-13 单指向话筒的录音范围

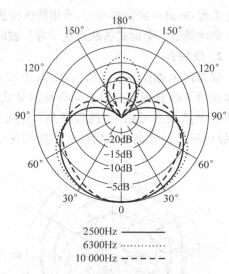

图 2-14 超指向话筒的录音范围

2.2 数字音频的获取

2.2.1 使用录音笔录音

录音笔形状小巧、携带方便,是录制访谈、讲座和会议非常好的工具,在日常生活和工作中应用非常广泛。

1. 专业录音笔与 MP3 随身听录音的区别

目前,许多 MP3 随身听具有录音的功能,那它与录音笔的录音功能有什么区别呢?MP3 随身听所使用的处理芯片中,某些芯片自带有多种功能,录音功能即是其中的一种辅助功能,凡是具有这种辅助功能的 MP3 随身听在目前都可以称之为"能录音的 MP3"。录音功能对 MP3 随身听来说,是它的一个辅助功能。一般说来,普通的 MP3 随身听只有一个内置的 MIC,因此,录音效果并不理想,要想胜任外接录音、电话录音、静音功能、内置扬声器、声音感应录音等较为专业的要求,对"能录音的 MP3"来说就有些勉为其难。

具体而言,可以从以下几个方面来区别专业录音笔和 MP3 随身听的录音功能。

- 开始录音的方式不同。MP3 的录音一般是要采用菜单式进入方式,一般需要好几个步骤才可以进入录音模式;而专业录音笔则一般都是一键录音。
- 有无 VOR(声控录音)。普通的 MP3 录音一般需要手动开关录音功能,步骤很烦琐;而录音笔则只要开启 VOR 功能,就可以实现有声音就录,无声音不录,缩短了录音时间,同时也节省了录音笔的内存。
- 录音效果差距大。MP3 录音出来的效果,一般会把周围的杂音都录下来,并且只能录单一方向内的录音,录音的效果不好,并且在不小心 MP3 没电了或出现死机,正在录音的文件不一定能保存下来;而录音笔则只要断电或死机,正在录的文件就会自动生成一个新的文件,保证录音不会丢失。
- 录音距离不同。MP3 录音的录音距离一般在 4~5 米左右,而专业录音笔一般能在 10 米以上,并且具有定向录音、电话录音功能。有时,一些比较好的录音笔的录音距离能在 15 米左右,录音效果非常不错,即便在百人的大礼堂效果也很好,周围的噪音很小。
- 录音笔有外接麦克。对于普通 MP3 随身听来说,只能用本身的内置麦克;而录音笔则可以外接麦克,以达到更加理想的效果。

2. 嘈杂会议的录音

录音笔之所以专业,在于它能适应复杂的录音环境。本节将以爱国者 UR-P632 型录音笔为例,讲解如何使用录音笔来进行大型会议的录音。如图 2-15 所示,是该型录音笔的实物图片。

为了使录音达到比较好的效果,在进行会议录音前,一般需要进行相关的准备和参数设置工作,其准备过程如下:

图 2-15 爱国者 UR-P632 型录音笔

1) 选择录音品质

对于录音来说,录音品质当然是越高越好,但是,录音笔的存储容量是有限的,录音品质越高,单位录音时间所占用的存储空间就越大,因此录音时间也就越短。

要设置录音品质,短按菜单键进入录音菜单目录,用方向键的上下键选择录音品质选项,按播放键进入所选择的选项。可以看到,该录音笔提供 4 种品质的录音:【超高品质录音】、【高品质录音】、【普通品质录音】和【标准品质录音】,前 3 种品质录音的采样率是相同的,都是 24kHz,但是压缩率不同,品质越高,压缩率越小。如果存储空间足够,建议选择较高一级的录音品质。

2) 调整麦克的灵敏度和录音电平(LV)

通过调节麦克灵敏度和录音电平(LV)可以用来适应不同的录音场景,例如,当把灵敏度调至9,LV 调为0时,录音笔可以轻松记录15米以上的远距离录音,即使是微弱的声音也能录下来;如果将灵敏度调至3,LV 调为3,就比较适合近距离会谈采访使用,可以屏蔽一些远处的噪音,例如关门声等。

要调整灵敏度和录音电平,需要录音笔处于录音状态或者预录音状态。一般说来,建议在开始录音前设置完成这两个参数后才开始录音。在录音播放停止状态下,长按返回键将进入预录音状态,如图2-16所示,在此状态下,插上耳机可以实时监听到录音效果,可以看到当前录音品质下的录音剩余时间,但并没有开始录音。此时,按方向键的左右两键可调整麦克(MIC)的灵敏度,一般说来,灵敏度越高,能收集到的声音细节越丰富,但是相应的环境噪音不可避免的增加,因为大型会议,讲话人与录音笔的距离远,因此需要调高灵敏度;按方向键的上下两键调整录音时的电平值,电平值越高,录出来的声音越大,但相应的环境噪音会增加,录用者可以根据监听效果来实时调整。

图 2-16 爱国者 UR-P632 型录音笔的功能键

3) 打开 AGC 自动增益功能。

AGC(Auto Gain Control)为自动增益控制,它的作用是当信号源较强时,使其增益自动降低;当信号较弱时,又使其增益自动增高,从而保证了强弱信号的均匀性。使用该项技术,可以使录音笔在录音过程中,将过大的声音缩小,过小的声音放大,以获得如广播电台般平衡的听觉感受,从而在一定程度上解决真实的录音文件里大分贝的暴音或者声音过小无法听到的难题。另外,AGC 功能还可以有效防止录音设备在晃动中的暴音现象和声音断续等问题。

在会议里,有些人声音洪亮,有些人则轻声细语,因此需要打开 AGC 功能,以平衡录音效果。要开启此功能,在录音状态下或者预录音状态下,按 AGC 键切换此功能,如图 2-16 所示,需要注意的是,开启此功能会导致噪音轻微增加。

所有这些设置完成后,就可以开始录音了。使用录音笔开始录音的操作非常简单,在录音播放停止状态下,或者在预录音模式下,只有轻轻向上推动录音键即可开始录音,如图 2-16 所示。

3. 电话录音

录音笔还可以对电话实施录音,不过需要借助电话录音套件,如图 2-17 所示,该套件有两个电话线接口,一个接入电话线路,一个则与电话机相连;而另外一端的音频线将接入录音笔的 MIC(麦克)输入。完成电话录音线路连接的录音笔如图 2-18 所示。

在完成线路连接后,按录音键即可开始录音。

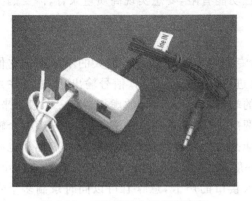
图 2-17 录音笔的电话录音套件

图 2-18 录音笔完成了电话录音的线路连接

2.2.2 在计算机录音工作室中录音

在数字音频技术出现后,相当长的一段时间里,大家主要使用数字的硬盘录音机来进行录音,如图 2-19 所示,甚至到现在都有人使用。

随着计算机运算能力的逐渐强大以及专业音频处理软件的发展,目前已经彻底淘汰了传统的数字多轨录音机,人们几乎都在使用计算机及其音频处理软件来录音。现在,声卡已经成为个人多媒体计算机的基本配置,因此,如果对录音的音质没有比较苛刻而专业的要求,任何一台普通的多媒体就可以成为一台数字录音设备。如图 2-20 所示,显示了普通声卡的基本接口,可以

图 2-19 数字的硬盘录音机

看到,如果希望转录磁带或者 CD 上的音频,可以通过磁带或 CD 播放器接入声卡的 Line In (线路输入)接口;如果希望通过话筒录音,可以直接把话筒插入声卡的 Mic In(麦克输入)接口。然后,使用计算机中的录音软件进行录制即可。

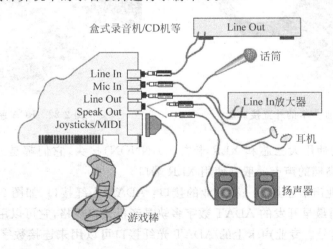
图 2-20 普通声卡的各种接口

总体说来，普通声卡的录音效果比较差，而且功能有限，要想实现高质量录音，需要购买专业的录音声卡。

1. 专业声卡漫谈

撇开方方面面的技术参数和芯片功能不谈，专业声卡与普通声卡最大的不同在于它们之间的接口不同。接口就是大家平常所说的"几进（信号输入）几出（信号输出）"，需要注意的是，这里的"几进几出"，指的是真正的物理上的端口，而不是内部的虚拟端口。一般说来，一个声道被称作一个端口。如果说某个声卡是两出，那就是左声道一个输出，右声道一个输出，实际上，可能是两个插孔，左右各一个，也可能是一个立体声插孔。一个立体声插孔也叫两出，如图 2-20 所示的 Speak Out 输出接口。一般来说，所有的声卡起码都具备两进两出。声卡的输入输出接口当然是越多越好，多个输入接口的声卡，意味着可以同时录制多个音轨，这对于需要录制乐队音乐的人来说是必需的；如果最多只用两个话筒，那两个输入接口就足够了。

对于拥有多个输入输出的声卡来说，卡上无法放下那么多的接口，一般使用"辫子"来提供输入输出端口，如图 2-20 所示，如果还不够用，则只能使用外置接口盒了，如图 2-21 所示。

声卡的接口有两种类型：一种是平衡式接口，一种是非平衡式接口。平衡式接口的抗干扰能力强，噪音低，明显比非平衡式的接口要好。不过，在连接线不超过 10 米的情况下，两者并没有太明显的区别，所以很多专业声卡也使用非平衡接口。

那究竟什么是"平衡"，什么是"非平衡"？将信号调制成为对称的信号用双线发送，叫做平衡发送；如采用单线，那就是非平衡发送。同样的，接收端采用对称接收称为平衡接收，接收端采用非对称接收就是非平衡接收，所以一根非平衡音频线里只需要两根线芯，而一根平衡音频线则是三芯的。

一般情况下，非平衡接口使用两芯 RCA 接头，也就是大家俗称的"莲花头"，如图 2-22 所示。

图 2-21 专业声卡的外置接口盒

图 2-22 RCA 莲花头

而平衡接口则使用大三芯和 XLR 卡农（CANNON）接头，它们都是三芯的，如图 2-23 和图 2-24 所示。高档的声卡一般都使用 XLR 端口。

另外，很多专业声卡还具备一种专业的接口：ADAT 光纤接口，如图 2-25 所示。ADAT 是美国 Alesis 公司最早开发的 ADAT 数字多轨录音机接口规格，它可以用一条光纤同时传送 8 路数字音频信号。专业声卡上的 ADAT 光纤接口可以用来连接数字录音机以及独立的 AD/DA 设备。

图 2-23　XLR 卡农接头的母头　　　　　　图 2-24　XLR 卡农接头的公头

除了装在机箱里的 PCI 声卡之外，专业声卡中还有一类外置声卡。外置声卡目前分为 USB 2.0 接口和 1394 接口两种，1394 接口的声卡比 USB 的要更加稳定，传输速度也更好，很受音乐人的欢迎。如图 2-26 所示，其实这样的"声卡"已经根本不能称之为"卡"了。外置声卡最大的优点就是可移动性好，接线方便。因此很受笔记本计算机用户的欢迎，很多人都使用 1394 声卡来移动录音作业，如现场录音之类的工作，使用一款外置声卡是最好的选择。

图 2-25　ADAT 光纤接口　　　　　　　图 2-26　1394 接口外置声卡

2. 组建计算机录音工作室

实际上，最为简单的计算机录音工作室的核心就是一台装有声卡的多媒体计算机，然后，还需有拾取声音的话筒以及用于监听和回放录音效果的耳机和音箱，如图 2-27 所示。当然，为提高录音质量，而且资金允许，建议采用专业声卡和专业监听音箱。

上面的工作室只能录制话筒一路音源，如果拥有多路音源呢？例如 MIDI 键盘、硬盘数字录音机等音源。一般来说，此时就需要一个调音台了。当然，如果声卡支持多个输入通道，如图 2-20 所示，那么可以不使用调音台。调音台其实就是把多路音频信号合为一路或几路的机器，它不仅可以调节各路信号的各种参数（如音调等），还可以将其中的任意几路汇合到一起再输出。目前，调音台仍然是工作室里常用的设备，因为它直观、方便，如图 2-28 所示，是使用了调音台的多路音源计算机录音工作室。

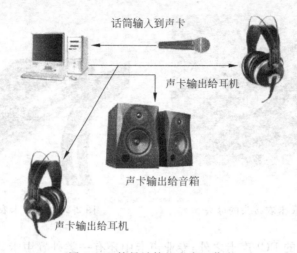

图 2-27　简易计算机录音工作室

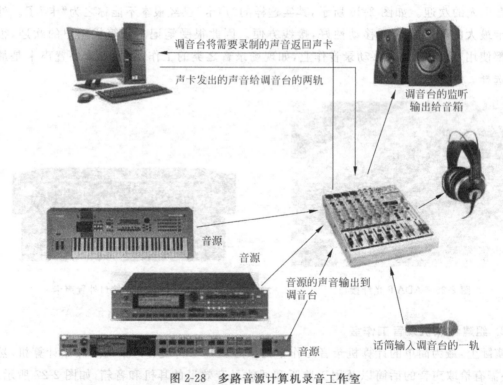

图 2-28　多路音源计算机录音工作室

从图 2-28 可以看出，调音台直接和声卡相连，它实际上成了声卡的一个扩充。调音台一般具有编组功能，通过编组功能，调音台可以控制输出到声卡的声音，也就是说，想让哪一轨去声卡，就让哪轨发出去；不让哪一轨进声卡，就不让它发出去。

多路音源的工作室能基本满足计算机音乐的制作和简单的录音，算得上业余发烧友级的水平。但是要实现专业录音，还是要搭建专业的录音棚。除了前面使用的一些设备外，录音棚往往都要有专门的话筒放大器、耳机分配器等，还要有专门的录音室，录音室对隔音、吸音有专门的要求。

如图 2-29 所示,是一个专业录音棚的基本设备结构。其中,话筒放大器负责把话筒信号放大并且进行一些必要的处理,然后变成线路输出信号再输出给调音台;耳机分配器把调音台输出的监听信号分配给多个耳机,供多人录音时同时监听;另外,专业的混音师都必须至少拥有远场、中场、近场 3 对监听音箱,以保证声音的准确,只有这样,才能保证音乐在任何音响系统上的播放尽量相同。

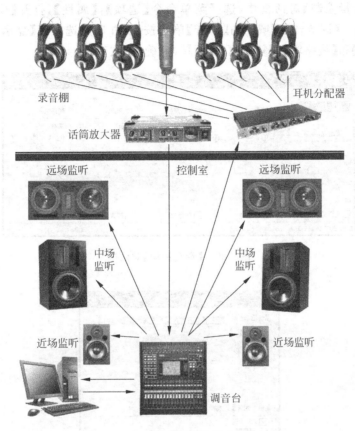

图 2-29 专业录音棚及其设备基本结构

3. 使用 Sound Forge 9.0 录音

计算机录音是通过音频编辑软件来完成的。如果给计算机安装专业录音声卡,把它配置成一个专业的录音工作站,当然也需要有相应专业音频软件与之配套,目前,世界上比较流行的有 Steinberg 公司出品的 Nuendo 和 Cubase,Cakewalk 公司出品的 Sonar 等。因为专业工作站软件的使用比较复杂,需要比较专业的知识,已经超出了本书的范围,因此不打算使用它们来作为本书的案例。

除了上面提到的专业软件外,还有一些初学者经常使用的音频编辑软件,如 Sound Forge、CoolEdit 等。下面,本书将以 Sound Forge 9.0 为例来讲解如何进行计算机录音,其具体操作过程如下:

1) 接入音源

一般说来,声卡支持录制多种音源,如话筒、调音台、CD 随身听等。这里需要注意的是,声卡有两个信号输入接口:Line In(线路输入)和 Mic In(麦克输入),如图 2-20 所示,如果音源是话筒,其应该接入 Mic In 接口;其他的音源,如调音台等,一般接入 Line In 接口。

2) 设置录音输入和音量水平

该项操作使 Sound Forge 能正确找到想要录制的音源,并调节输入的音量到合适水平。

首先,双击 Windows 窗口右下角系统托盘中的【音量】图标,打开【音量控制】对话框,如图 2-30 所示。

接着,在【音量控制】对话框中,选择菜单命令【选项】|【属性】,打开【属性】对话框,如图 2-31 所示,选中【调节音量】域中的【录音】单选按钮,并确定选中了【显示下列音量控制】域中的【麦克风】和【线路输入】复选框,然后单击【确定】按钮。

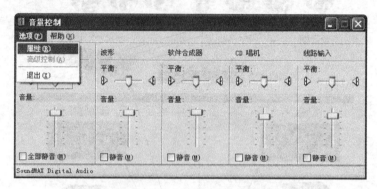

图 2-30 【音量控制】对话框

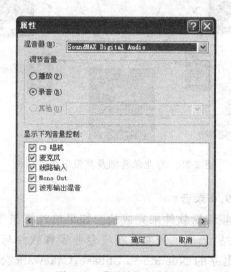

图 2-31 【属性】对话框

此时,Windows 将打开【录音控制】对话框,如图 2-32 所示,如果录制的音源是麦克风,则需要选中【麦克风】域中的【选择】复选框,并将【音量】滑条拖至合适位置。

设置完成后,关闭【录音控制】对话框即可。

3) 启动 Sound Forge 9.0 及其录音功能

首先,启动 Sound Forge 9.0,如图 2-33 所示的工作界面。

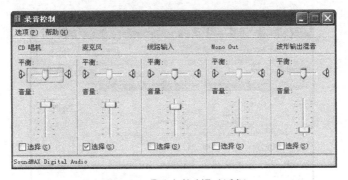

图 2-32 【录音控制】对话框

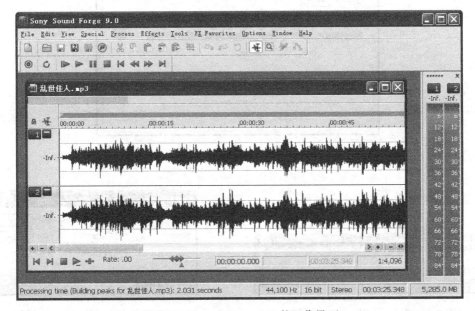

图 2-33 Sound Forge 9.0 的工作界面

在 Sound Forge 中，选择菜单命令 Special | Transport | Record，或者单击工具栏上的 Record ● 按钮，将打开 Record 对话框，如图 2-34 所示，Sound Forge 的录音功能将通过此对话框来完成。

4）新建和选择录音"目标"音频文件窗口

在 Record 对话框的标题栏中，可以看到在 Record 后面显示有【乱世佳人.mp3】，这表示接下来录制的声音将写入音频文件【乱世佳人.mp3】，如图 2-33 所示，该音频文件被 Sound Forge 打开，并显示在【乱世佳人.mp3】音频文件窗口中。

如果不希望录入【乱世佳人.mp3】音频文件窗口，可以单击 Record 对话框中的 Window... 按钮，打开 Record Window 对话框，如图 2-35 所示，在 Record destination window 下拉列表中选择目标窗口。

如果希望录制的声音放入一个新的音频文件中，可以单击 New... 按钮，打开 New Window（实际上是新建一个新的声音文件）对话框，如图 2-36 所示，然后定义数字音频的 Sample rate（采样频率）、Bit-depth（采样精度）和 Channels（音轨数量，即声道数量），并单击 OK 按钮，一个新的音频文件窗口将被创建，如图 2-37 所示，它有 4 个声道（音轨）。

数字音视频资源的设计与制作

图 2-34 Record 对话框

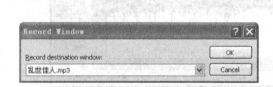

图 2-35 Record Window 对话框

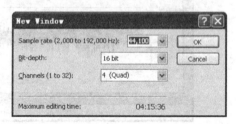

图 2-36 New Window 对话框

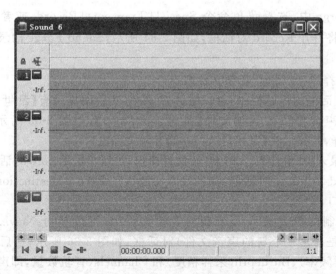

图 2-37 新建的音频文件窗口

5）录音前的设置

在进行录音前,还需要对一些相关的录音选项进行设置,如图 2-38 所示。

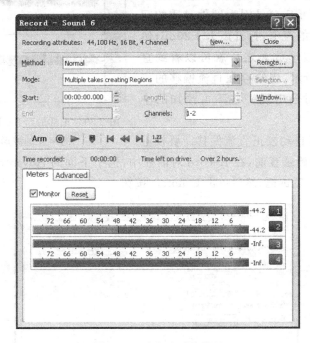

图 2-38　录音选项的设置

首先,设置 Method(录音方式),从下拉列表中选择 Normal 选项即可。

其次,设置 Mode(录音模式),共有 5 种录音模式,Automatic retake（automatically rewind)模式指录音完成后,录音指针将回到录音开始时的位置,因此,当再次录音时将覆盖掉前一次的录音内容;Multiple takes creating Regions 模式指录音完成后,录音指针将停留在录音结束时的位置,因此,当再次录音时,后面的录音将添加在前一次录音的后面,也就是说支持多次录音,同时每次录音内容 Sound Forge 会在之间添加标记;Multiple takes (no regions)模式与 Multiple takes creating Regions 模式基本相同,只是不会在多次录音间添加标记;Create a new window for each take 模式指每次录音开始时,Sound Forge 会创建一个新的音频文件窗口,并把录音录入该新建窗口;Punch-in(record a special length)模式将与后面的 Start、Length 和 End 域结合,把声音录入声音窗口中指定的时间段内。一般说来,Multiple takes creating Regions 模式使用较多,本例也使用该模式。

再次,设置录音开始的指针位置,即 Start,如果是新建的音频文件,一般从 0 秒开始。

接着,选择声音录入的 Channels(音轨或声道),本例新建了一个 4 音轨(声道)的音频文件,但是,这次录音希望只把声音写入第 1、2 个音轨,那么可以在 Channels 文本框中输入 1-2,表示使用 1-2 音轨。如果想选择 1、3 音轨,可以输入 1,3,即音轨间用英文的逗号分开。

然后,为了能够在录音的过程中进行实时监控,需要选中 Monitor 复选框,如图 2-38 所示,可以实时查看输入音轨 1、2 的音量。

最后,为了缩短录音的准备时间(即用户单击 Record ⏺ 按钮与 Sound Forge 真正开始录音之间的时间间隔),可以使用 Arm 功能,即在开始录音前,先单击 Arm 按钮,再在录音开始时单击 Record ⏺ 按钮。

6）校正直流偏移（DC Offset）

直流偏移（DC OffSet）是因为硬件品质的问题造成的，比如普通的声卡，打开声卡＋20dB，然后用 MIC 录音，把波形放大之后就可以看到直流偏移，如图 2-39 所示，当给存在直流偏移的声音添加音效时，有时会出现一些不可预知的小问题。

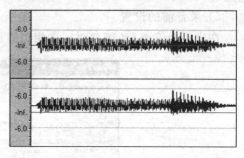

图 2-39　正常的声音（上面）与有直流偏移的声音的波形比较

Sound Forge 能自动校正直流偏移。要校正直流偏移，需要在开始录音前，在 Record 对话框中，选中下面的 Advanced 标签页，如图 2-40 所示，选中 DC adjust 复选框，然后单击 Calibrate 按钮。

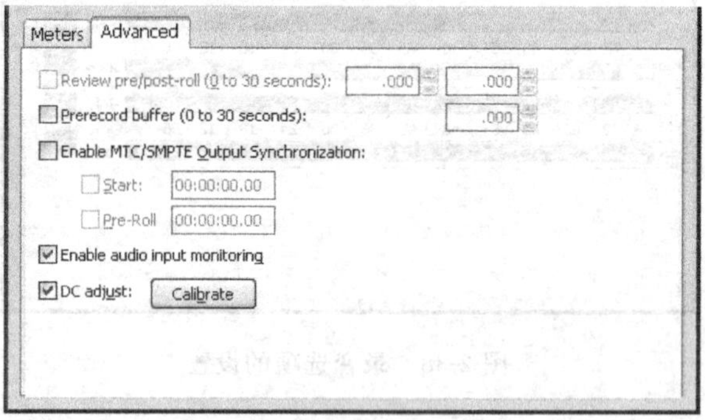

图 2-40　Record 对话框中的 Advanced 标签页

7）开始、标记和停止录音

在 Record 对话框中，如图 2-38 所示，单击 Record ⏺ 按钮，Sound Forge 将开始录音。

在录音的过程中，如果出现了错误，希望对该时间点进行标记，可以单击 Drop Marker 按钮，添加标记。

如果希望停止录音，可以单击 Stop ■ 按钮。

8）定时录音

要实现定时录音，需要在 Record 对话框中，选择 Method 下拉列表中的 Automatic: Time 选项，此时，在对话框的下方会出现 Time Options 标签页，如图 2-41 所示。

为了添加一个定时录音任务，单击 Add 按钮，打开 Record Timer Event 对话框，如图 2-42 所示，输入任务的名称 Name 为定时录音；任务性质 Recurrence 为 One Time（只执行一次），当然还可以选择 Daily（每天执行一次）和 Weekly（每周执行一次）；接着是确定定时任务的开始日期 Start date、开始时间 Start time 和录音长度 Duration。完成设置后，单击 OK 按钮，一个新的定时任务被添加，如图 2-41 所示。

为了开始执行定时任务，需要单击 Arm 按钮，此时，录音程序将进入倒计时状态（在 Arm 按钮一行的顶右边显示有倒计时时刻），如图 2-41 所示，并在指定的时间段内完成录音任务。

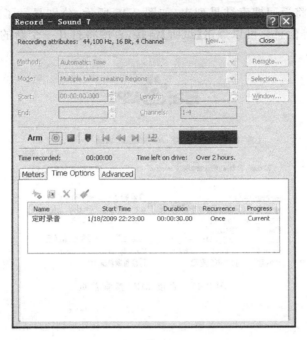

图 2-41　定时录音状态下的 Record 对话框

图 2-42　Record Timer Event 对话框

2.2.3　从 Internet 上搜索和下载

1. 网络搜索

随着 Internet 的发展，网上的音频资源越来越丰富。但是，在浩瀚的网络海洋中，要想找到自己想要的音频素材不是一件容易的事情，好在有音乐搜索引擎，使得音频资源的寻找变得相对容易许多。

现在，主流的搜索引擎，如百度、谷歌、搜狗、狗狗等，基本上都提供专门的音乐搜索。下面将以百度为例，来展示如何通过搜索引擎来寻找和下载想要的音频资源，其操作步骤如下：

（1）打开浏览器，在地址栏输入网址 http://mp3.baidu.com/，进入百度的 mp3 搜索引擎，如图 2-43 所示。

（2）在关键字文本框中输入想要搜索内容的关键字，例如，如果想搜索流水声音的音效文件，可以输入关键字"流水声"，并选择声音文件的格式（如果需要的话），然后单击【百度一下】按钮，如图 2-44 所示。

(3) 此时,百度将返回搜索结果列表,如图 2-45 所示,分别显示了声音文件的名称、大小、格式、连接速度等信息。可以点击【试听】链接,百度将打开一个新的试听窗口,如图 2-46 所示,试听音频文件。

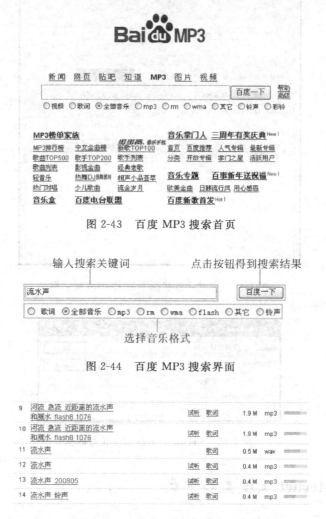

图 2-43　百度 MP3 搜索首页

图 2-44　百度 MP3 搜索界面

图 2-45　百度 MP3 搜索结果列表

图 2-46　百度 MP3 搜索的试听窗口

（4）如果是自己想要的内容，可以直接单击试听窗口上方的【歌曲出处】链接，直接下载该音频资源文件。

2. 专门的音频资源网站

目前，由于搜索引擎的局限性，很多音频资源不一定能通过引擎查找到，另外，搜索引擎对找到的音频资源也没有进行很好的归类，所以还需要自己进行逐个的筛选。在这些方面，专门的音频素材网站显得比搜索引擎更有优势，如中国素材网（http://www.sucai.com/Audio/）中就有大量的已经分类的音效素材。因此，在寻找音频素材的过程中，要尽量实现两种方式的结合，这样可以使找到的内容比较全。

对于专门的音频素材网站，主要通过大家在平时的工作中多做积累。当然，也可以通过搜索引擎来寻找相关的网站。

2.3 数字音频的格式及其转换

2.3.1 常见的数字音频格式

数字音频格式最早指的是 CD。CD 的文件量一般比较大，后来 CD 经过压缩，衍生出多种适于在计算机和随身听上播放的格式，如 mp3、wma 等。这些压缩过的音频格式，有无损压缩和有损压缩之分，都能或多或少地减小音频文件大小，一般说来，有损压缩的效果要更好。有损和无损压缩，是指经过压缩过后，新的音频文件所保留的声音信号相对于原来的压缩前的数字音频信号是否有所损失。

数字化音频格式的出现，满足了音频复制、存储、传输的需求，早期的模拟音频格式，存在着复制失真和因为介质磨损而失效的问题。从 CD 盘的存储开始，数字格式音频文件开始普及。互联网出现后，产生了远距离传输文件的要求，在带宽的制约下，缩小文件体积的需求变得更加强烈，这些都从外部因素上导致了有损压缩数字音频格式的产生和发展。而从内部因素来说，随着计算机运算、编码能力的提高以及声学心理研究的进步，促进了各种有损压缩数字音频算法和格式的层出不穷。

下面对常见的一些数字音频格式做一个简单介绍。

1. CD 格式

讲到音频格式，CD 自然是打头阵的先锋。在大多数播放软件可以打开的【文件类型】中，都可以看到 .cda 格式，这就是 CD 音频格式。标准 CD 格式的采样频率是 44.1kHz，16 位量化位数，CD 格式可以说是近乎无损的，它的声音基本上忠于原声，因此 CD 是音响发烧友的首选。CD 光盘可以在 CD 唱机中播放，也能用电脑里的各种播放软件来播放。

一个 CD 音频文件是一个 .cda 文件，但这个文件里只有一个索引信息，并不是真正包含声音信息，所以不论 CD 音乐的长短，在计算机上看到的 .cda 文件都是 44 字节长。因此，需要注意的是，不能直接复制 CD 格式的 .cda 文件到计算机硬盘上进行播放，只能使用抓音轨软件，如 Sound Forge 等，把 CD 格式的文件转换成其他音频格式，如 WAV 等，如果光盘驱动器质量过关而且参数设置得当的话，这个转换过程基本上是无损的。

2. MP3 格式

MP3 是指 MPEG 标准中的音频部分，也就是 MPEG 音频层。MPEG 压缩是一种有损压缩,MPEG3 音频编码具有 10 至 12 倍高压缩率,同时基本保持低音频部分不失真,但是牺牲了声音文件中 12kHz～16kHz 高音频部分的质量来换取文件的尺寸。相同长度的音乐文件,用 MP3 格式来存储,一般只有 WAV 文件的 1/10,而音质要次于 CD 格式或 WAV 格式的声音文件。由于其文件尺寸小,音质好,因此流行甚广,直到现在,这种格式还是风靡一时,其主流音频格式的地位难以被撼动。但是 MP3 音乐的版权问题一直找不到办法解决,因为 MP3 没有版权保护技术。

3. WAV 格式

WAV 格式是微软公司开发的一种声音文件格式,也叫波形声音文件,是最早的数字音频格式,被 Windows 平台及其应用程序广泛支持。WAV 格式支持许多压缩算法,支持多种音频位数、采样频率和声道,采用 44.1kHz 的采样频率,16 位量化位数,因此 WAV 的音质与 CD 相差无几。但 WAV 格式音频文件的文件量比较大,不便于交流和传播。

4. MIDI

MIDI(Musical Instrument Digital Interface)又称乐器数字接口,是数字音乐/电子合成器的统一国际标准。它定义了计算机音乐程序、数字合成器及其他电子设备交换音乐信号的方式,规定了不同厂家的电子乐器与计算机连接的电缆和硬件及设备间数据传输的协议,可以模拟多种乐器的声音。MIDI 文件就是 MIDI 格式的文件,在 MIDI 文件中存储的是一些指令,把这些指令发送给声卡,由声卡按照指令将声音合成出来。

5. WMA 格式

WMA(Windows Media Audio)格式来自于微软,音质要强于 MP3 格式,是以减少数据流量但保持音质的方法来达到比 MP3 压缩率更高的目的。WMA 的压缩率一般可以达到 18 倍左右;WMA 的另一个优点是内容提供商可以通过 DRM(Digital Rights Management)方案,如 Windows Media Rights Manager 7 加入防复制保护,这种版权保护技术可以限制音乐的播放时间和播放次数,甚至于播放的机器等,这对被盗版搅得焦头烂额的音乐公司来说可是一个福音。另外 WMA 还支持音频流(Stream)技术,适合在网络上在线播放。

6. RealAudio

RealAudio 是由 Real Networks 公司推出的一种文件格式,最大的特点就是可以实时传输音频信息,尤其是在网速较慢的情况下,仍然可以较为流畅地传送数据,因此 RealAudio 主要适用于网络上的在线播放。现在的 RealAudio 文件格式主要有 RA(RealAudio)、RM(RealMedia、RealAudio G2)、RMX(RealAudio Secured)3 种,这些文件的共同性在于随着网络带宽的不同而改变声音的质量,在保证大多数人听到流畅声音的前提下,令带宽较宽敞的听众获得较好的音质。

近来,随着网络带宽的普遍改善,Real 公司正推出用于网络传输的、达到 CD 音质的格式。

7. QuickTime

QuickTime 是苹果公司推出的一种数字流媒体,它面向视频编辑、Web 网站创建和媒体技术平台,QuickTime 支持几乎所有主流的个人计算平台,可以通过互联网提供实时的数字化信息流、工作流与文件回放功能。

8. DVD Audio

DVD Audio 是新一代的数字音频格式，与 DVD Video 尺寸和容量相同，为音乐格式的 DVD 光碟，取样频率 48kHz/96kHz/192kHz 和 44.1kHz/88.2kHz/176.4kHz 可供选择，量化位数可以为 16、20 或 24 比特，它们之间可自由组合。

9. 新生代音频格式：OGG

OGG（全称是 OGG Vobis）是一种新的音频压缩格式，类似于 MP3 等现有的音乐格式。但有一点不同的是，它是完全免费、开放和没有专利限制的。OGG Vobis 有一个很出众的特点，就是支持多声道。随着它的流行，以后用随身听来听 DTS 编码的多声道作品将不会是梦想。

10. AAC 格式

AAC（Advanced Audio Coding，高级音频编码技术）是杜比实验室为音乐提供的技术，最大能容纳 48 通道的音轨，采样率达 96kHz。该格式出现于 1997 年，是基于 MPEG-2 的音频编码技术，由 Fraunhofer IIS、杜比、苹果、AT&T、索尼等公司共同开发，以取代 mp3 格式。2000 年，MPEG-4 标准出台，AAC 重新整合了其特性，故现在又称为 MPEG-4 AAC，即 m4a。

AAC 作为一种高压缩比的音频压缩算法，通常压缩比能达到 18 倍，也有资料说能达到 20 倍，远远超过了 MP3 等较老的音频压缩算法。

AAC 另一个引人注目的地方就是它的多声道特性，它支持 1 至 48 个全音域音轨和 15 个低频音轨。除此之外，AAC 最高支持 96kHz 的采样率，其解析能力足可以和 DVD Audio 相提并论，因此，它得到了 DVD 论坛的支持，成为了下一代 DVD 的标准音频编码。

2.3.2 不同音频格式间的转换

在数字多媒体技术高度发展的今天，要实现不同数字音频格式之间的转换非常的容易，可用的工具也非常的多，有专门用于格式转换的小软件，也有音频编辑软件中带有不同格式间转换的功能，例如，Sound Forge 9.0 中就带有格式转换功能。下面的格式转换实例将以 Sound Forge 作为转换工具。

1. 抓取 CD 音轨

CD 格式的音频比较特殊，它不是以一个计算机文件的形式保存数字音频，它是以数字音轨的形式刻录在光盘中，因此，要把 CD 格式的音频转换成其他格式，就需要把这些音轨提取出来，Sound Forge 9.0 就有抓取 CD 音轨的功能。其实现 CD 音轨抓取的操作步骤如下：

（1）把要抓取的 CD 音乐光盘放入计算机的光驱中，并启动 Sound Forge 9.0。

（2）选择菜单命令 File|Extract Audio From CD 命令，打开 Extract Audio from CD 对话框，如图 2-47 所示。

（3）一般说来，Extract Audio from CD 对话框会自动搜寻 CD 光盘，并把 CD 中的音轨内容显示出来，如图 2-47 所示。在该对话框中，选择 Action 列表中 Read by track 选项，即分别读取 CD 中的每个音轨。如果选择 Read entire disc 选项，表示一次读取整个 CD；如果选择 Read by range 选项，表示读取指定的某个范围的音轨。然后，单击 Tracks to extract 列表中的音轨，选中要抓取的音轨，这里选中 02 音轨。如果希望一次提取多个音轨，可以在选取音轨的同时按下 Ctrl 键（多次选取），或者 Shift 键（连续选取）。完成设置后，单击 OK 按钮。

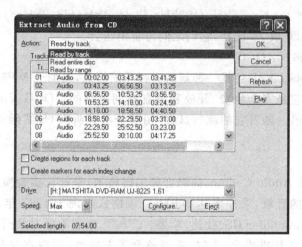

图 2-47　Extract Audio from CD 对话框

（4）此时，Sound Forge 将新建一个新的双声道的音频文件窗口，如图 2-48 所示，该窗口的标题栏显示正在抓取 CD 的 Track 2（第 2 个）音轨；左下角的状态栏显示读取 CD 音轨的进度。完成抓取后，如图 2-49 所示，CD 中的第 2 个音轨被读入新建的音频文件中，以待进行下一步处理。

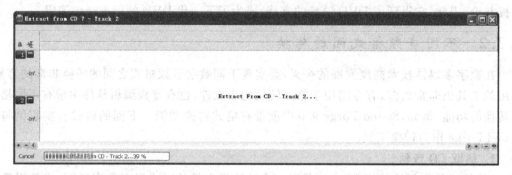

图 2-48　CD 音轨抓取过程中的音频文件窗口

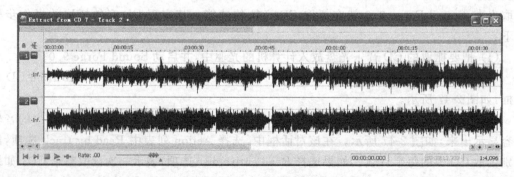

图 2-49　完成抓取后的音频文件窗口

(5) 在音频文件窗口中,可以对刚刚抓取的 CD 音轨进行相关的编辑和音效处理,也可以直接选择菜单命令 File|Save,或者按下快捷键 Ctrl+S,打开【另存为】对话框,如图 2-50 所示,在【保存类型】列表中选择音频格式;在【文件名】文本框中输入文件名称,单击【保存】按钮,把抓取的 CD 音轨保存为其他音频格式。

图 2-50 【另存为】对话框

2. 批量转换格式

Sound Forge 9.0 不仅能实现单个音频文件的格式转换,还能批量进行格式转换任务,从而极大地提高工作的效率。其进行批量格式转换任务的操作步骤如下:

(1) 在 Sound Forge 中,选择菜单命令 Tools|Batch Converter,打开 Batch Converter 对话框,如图 2-51 所示。

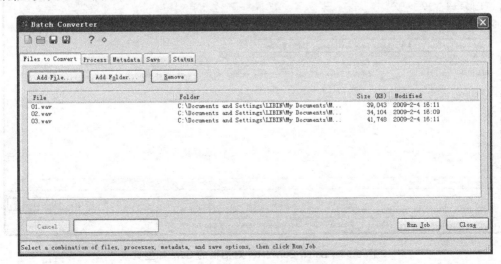

图 2-51 Batch Converter 对话框

（2）在 Files to Convert 标签页下，如图 2-51 所示，单击 Add Files...按钮，打开【打开】对话框，如图 2-52 所示，选中要转换的音频文件，并单击【打开】按钮，在 Batch Converter 对话框将看到打开的希望转换格式的音频文件，如图 2-51 所示。

图 2-52 【打开】对话框

（3）在打开要转换格式的音频文件后，选中 Batch Converter 对话框中的 Save 标签页，如图 2-53 所示，单击 Add Save Options...按钮，打开 Save Options 对话框，如图 2-54 所示，在 File Format 域中，选中 Convert to 单选框，并在 Type 下拉列表中选择 MP3 Audio 选项；在 Files Names 域中，选中 Same as source 选项；在 Files Folder 域中，选中 Same as source 选项，最后单击 OK 按钮，完成 Save Options（保存选项）的设置，此时，在 Batch Converter 对话框的 Save 标签页中会看到添加了一个 MP3 Audio 的保存选项。

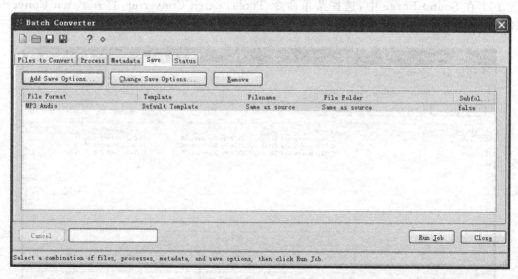

图 2-53 Batch Converter 对话框的 Save 标签页

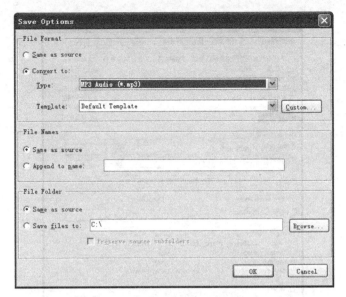

图 2-54　Save Options 对话框

（4）在 Batch Converter 对话框中，单击右下角的 Run Job 按钮，如图 2-53 所示，Sound Forge 将自动完成批处理任务，把刚刚打开的 01.wav、02.wav、03.wav 3 个音频文件转换并保存为 MP3 格式的音频文件。

2.4　数字音频编辑及音效处理

2.4.1　音频的编辑

Sound Forge 9.0 对数字音频的编辑功能非常强大，而且使用起来非常的简单方便。

1. 删除

大家经常遇到要删除数字音频文件中多余声音的问题，在 Sound Forge 中，要完成此项操作，其步骤如下：

（1）在 Sound Forge 中，选择菜单命令 File|Open，打开【打开】对话框，如图 2-55 所示，寻找并选中希望编辑的数字音频文件，然后单击【打开】按钮，Sound Forge 将打开一个新的音频文件窗口，显示刚打开的数字音频文件。

（2）选择要删除的多余声音片段。进行删除操作，选中要删除的内容是关键，如图 2-56 所示，是刚打开的要删除多余声音片段的数字音频文件窗口。

要选择指定的声音片段，先需要选中工具栏中的 Edit Tool（编辑工具）按钮，或者选择菜单命令 Edit|Tool|Edit，激活"编辑工具"，然后在音频文件窗口中按住鼠标左键并拖动即可选中指定区域，如图 2-56 所示。

在选取声音片段的过程中，为了使选取的区域比较精确，可以单击音频文件窗口右下角的【＋】和【－】按钮来缩放时间轴，如图 2-56 所示，或者选中工具栏上的 Magnify Tool（放大工具）按钮，使用该工具来缩放时间轴；也可以通过窗口左下角的回放面板来播放选中的声音片段区域，来判断选中的声音片段是否正确。如果选中的区域有些偏差，在 Sound

图 2-55 【打开】对话框

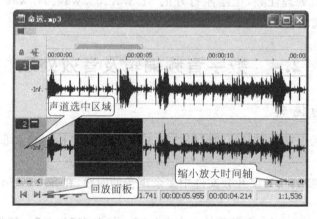

图 2-56 音频文件窗口

Forge 中，不需要用户重新选取，只需要把鼠标移动到选中区域的边界，鼠标就会变成双箭头形状，此时，按住鼠标左键，左右拖动鼠标即可重新界定选中的声音片段。

(3) 然后，选择菜单命令 Edit|Cut，或者按下 Delete 键，即可删除选中的声音片段。

2. 插入或替换

插入或替换是指把指定的声音片段插入到某数字音频文件的指定位置，或者把音频文件中的指定声音片段替换掉，其操作步骤如下：

(1) 在 Sound Forge 中，打开包含要插入声音片段的数字音频文件。

(2) 选中工具栏中的 Edit Tool 按钮，使用"编辑工具"选取要插入的声音片段。

(3) 选择菜单命令 Edit|Copy，或者按下快捷键 Ctrl+C，把选中的声音片段复制到剪贴板。

(4) 然后，使用"编辑工具"把目标音频文件窗口中的指针移动到要插入声音片段的位置,这里需要注意的是,如果希望插入到指定声道,在确定插入位置后,要单击目标声道的"声道选中区域",如图 2-56 所示,选中该声道;如果希望是替换,需要选中要替换掉的声音片段,如图 2-56 所示。

(5) 最后,选中菜单命令 Edit|Paste,或者按下快捷键 Ctrl+V,完成插入或替换操作。

3. 混合

"混合"是指两种声音的合成,例如,交响乐是很多种乐器声音的混合。而平时听到的流行歌曲音乐是流行歌手的嗓音和音乐的结合。一般说来,进行混合的两个声音片段的时间长度应该是相等的。从操作层面上讲,"混合"声音的操作与"插入"操作类似,其具体操作步骤如下:

(1) 在 Sound Forge 中,打开包含要"混合"声音片段的数字音频文件。

(2) 选中工具栏中的 Edit Tool 按钮,使用"编辑工具"选取要插入的声音片段。

(3) 选择菜单命令 Edit|Copy,或者按下快捷键 Ctrl+C,把选中的声音片段复制到剪贴板。

(4) 接着打开目标数字音频文件,并再次选中工具栏中的 Edit Tool 按钮,使用"编辑工具"把目标音频文件窗口中的指针移动到要"混合"声音片段的开始位置(注意:如果希望插入到指定声道,在确定插入位置后,请单击目标声道的"声道选中区域",如图 2-56 所示,选中该声道)。

(5) 然后,选择菜单命令 Edit|Paste Special|Mix,打开 Mix/Replace 对话框,如图 2-57 所示,在 Preset 下拉列表中,系统预设置一些混合声音的方案,用户可以直接选择;在 Source 域中,可以设置源声音片段的相关属性,如音量等;在 Destination 域中,可以设置目标声音片段相关属性;在 Fade In 和 Fade Out 域中,可以调节混合声音的淡入淡出效果;在 Start、End、Length 和 Channels 文本框中,还可以设置混合声音片段的开始时间、结束时间、长度和声道等,需要注意的是,这些设置平时是隐藏的,需要单击 More 按钮才能显示,而此时可以单击 Less 按钮来隐藏它们。一般说来,当在进行各项混合参数的设置时,在进行声音混合的目标音频窗口能够显示整个设置过程,如图 2-58 所示,图中就显示了混合声音的音量、淡入淡出效果、混合声音的片段区域以及声道等信息。

(6) 完成设置后,单击 OK 按钮,Sound Forge 将根据设置的参数完成两个声音片段的混合。

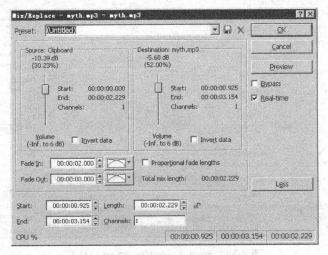

图 2-57 Mix/Replace 对话框

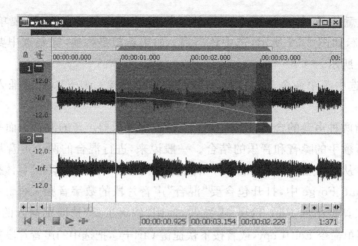

图 2-58　进行声音混合的目标音频窗口

2.4.2　降噪处理

在 Sound Forge 9.0 中,带有一个噪声处理插件,通过该插件,可以消除指定声音片段中的噪声。使用此插件进行降噪处理的操作步骤如下:

(1) 在 Sound Forge 中,打开需要进行降噪处理的数字音频文件。

(2) 选中工具栏中的 Edit Tool 按钮,使用"编辑工具"选取有噪声的声音片段。

(3) 选择菜单命令 Tools | Noise Reduction,打开 Sony Noise Reduction 对话框,如图 2-59 所示,可以对降噪处理的各项参数进行设置,一般说来,使用默认的设置就可以了。

(4) 选中对话框左下方的 Capture noiseprint 复选框,如图 2-59 所示,然后单击 Preview 按钮,可以预听降噪处理的效果。

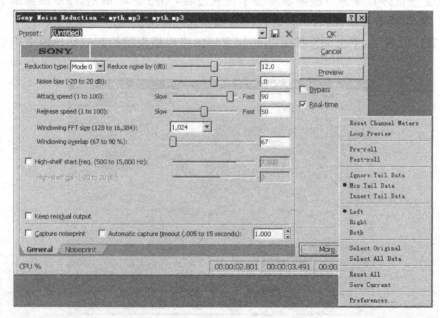

图 2-59　Sony Noise Reduction 对话框

(5) 此时,降噪插件处理的是选中的声音片段,如果希望处理整个音频文件,可以在 Real-time 复选框的下方单击鼠标右键,并从弹出的菜单中选择 Select All Data 命令,以选中整个音频文件。

(6) 单击 OK 按钮,完成降噪处理。

2.4.3 其他音效处理

除了进行降噪处理,Sound Forge 还可以非常简单方便地完成许多其他音效处理任务。

1. 音频文件属性的改变

音频文件的属性包括 3 个参数:采样频率、采样位数、声道数(立体声或单声道)。在应用中,经常需要改变这些参数。

在 Sound Forge 中,不能增加声道数量,但可以减少,其操作步骤如下:

(1) 打开需要改变属性的音频文件,并在打开的音频文件窗口上单击右键,并从弹出的菜单中选择 Properties 命令,或者直接选择菜单命令 File|Properties,打开 Properties 对话框,如图 2-60 所示。

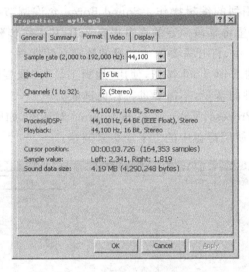

图 2-60 Properties 对话框

(2) 在对话框中,选择 Format 标签页,如图 2-60 所示,从 Channels 下拉列表中选择 1(Mono)选项,并单击 OK 按钮。

(3) 此时,Sound Forge 会弹出 Stereo To Mono 对话框,如图 2-61 所示,可以选择是保留左声道、右声道,还是混合两个声道的声音。

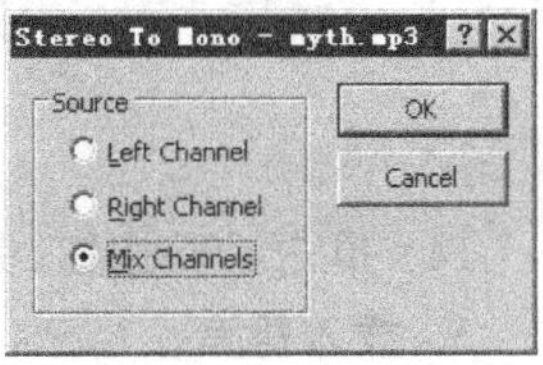

(4) 单击 OK 按钮,完成从双声道到单声道的转换。

改变音频文件采样频率的属性要麻烦些,需要重新采样,其操作步骤如下:

图 2-61 Stereo To Mono 对话框

(1) 打开需要改变属性的音频文件。

(2) 选择菜单命令 Process|Resample,打开 Resample 对话框,如图 2-62 所示。

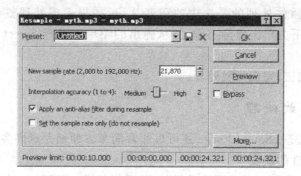

图 2-62　Resample 对话框

(3) 在对话框中,可以设置 New sample rate(新采样率)和 Interpolation accuracy(转换精度)。

(4) 完成设置后,单击 OK 按钮,完成采用频率的转换。

2. 音量的调节

调节音量是经常要用到的编辑操作。Sound Forge 允许调节一个声音的音量,操作非常的简单。例如,如果希望将某段声音的音量提高 2dB,其操作步骤如下:

(1) 在 Sound Forge 中,打开需要调节音量的数字音频文件。

(2) 选中工具栏中的 Edit Tool 按钮,使用"编辑工具"选取要调节音量的声音片段,如果希望调节整个音频文件的音量,不需要进行任何选取。

(3) 选择菜单命令 Process|Volume,打开 Volume 对话框,如图 2-63 所示,拖动滑块至 2.00db,细微的调整可以使用键盘中的上下箭头来调整。

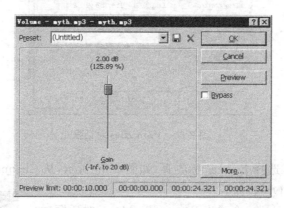

图 2-63　Volume 对话框

(4) 单击 OK 按钮,完成音量调整。

3. 插入静音

有时候,需要在声音文件的某一个位置加入一段没有声音的部分,其操作步骤如下:

(1) 在 Sound Forge 中,打开插入静音部分的数字音频文件。

(2) 选中工具栏中的 Edit Tool 按钮,使用"编辑工具"把指针放置到插入静音片段的位置。

(3) 选择菜单命令 Process|Insert Silence,打开 Insert Silence 对话框,如图 2-64 所示,

在 Insert 文本框中输入静音片段的时间长度。

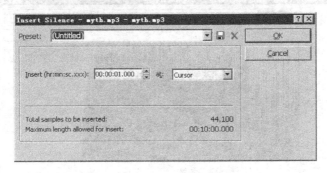

图 2-64　Insert Silence 对话框

(4) 完成设置后,单击 OK 按钮,在指定位置插入静音片段。

4. 声音淡化处理

声音的淡化处理是经常使用的一种声音处理过程,主要目的是使声音的音量达到平滑的过渡,消除音量突然变弱或突然变强的感觉。例如,大家经常听到电视或广播中的音乐从无到有逐渐变大的效果,或声音逐渐变小直到声音消失的效果,都是经过了声音音量渐变处理的,这种处理方法就是声音的淡化。最常见的声音淡化的处理包括两种:淡入和淡出,淡入表示音量从 0 达到 100% 音量的过程;淡出则表示音量从 100% 逐渐变化到 0 的处理过程。

在 Sound Forge 中,进行声音的淡入淡出处理非常的简单,选择菜单命令 Process|Fade|In,或者选择菜单命令 Process|Fade|Out,即可完成对当前音频文件的淡入淡出处理。

如果需要精确地控制声音变化的幅度和过程,过程要稍复杂,其操作步骤如下:

(1) 在 Sound Forge 中,打开需要进行淡化处理的数字音频文件。

(2) 选择菜单命令 Process|Fade|Graphic,打开 Graphic Fade 对话框,如图 2-65 所示,通过调整音量变化过程曲线的形状,可以控制声音的淡入淡出效果。在音量变化过程曲线上,往往有若干个小方框,称为关键点。在曲线上单击鼠标右键,从弹出的菜单中选择 Add Point 命令,可以添加关键点;而在关键点上单击鼠标右键,从弹出的菜单中选择 Delete 命令,可以删除关键点。关键点的音量可以由用户来设定,而两个关键点之间的音量则是平滑过渡的。将鼠标移动到关键点处,鼠标就会变成一个小手,这时按住鼠标左键并拖动就可以用鼠标自由地调节该点的位置。

(3) 完成设定后,单击 OK 按钮,Sound Forge 将进行淡化效果处理。

5. 调节播放速度

该项功能是将声音的时间变长或变短,而不改变声音的高低,从而加快或放慢声音的播放速度,其操作步骤如下:

(1) 在 Sound Forge 中,打开需要进行处理的数字音频文件。

(2) 选择菜单命令 Process|Time Stretch,打开 Sony Time Stretch 对话框,如图 2-66 所示,在 Final Time 文本框中输入声音最终的播放时间,或者拖动下方的滑块来确定最终播放时间。在 Percent of original 标签处,可以看到最终播放时间与原有播放时间的比例。

(3) 最后,单击 OK 按钮,调整播放速度。

数字音视频资源的设计与制作

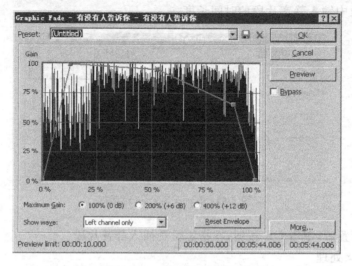

图 2-65 Graphic Fade 对话框

图 2-66 Sony Time Stretch 对话框

需要注意的一点是，这种操作往往会造成声音多少有一些失真，尤其是在将声音延长的操作过程中。所以，建议使用的时候要注意改变的幅度不要太大。

6. 音调调节

这个操作非常有意思，可以使音乐的音调任意地降低或升高，也可以改变人说话的声音。比如，有一个男声的声音文件，如果希望它听起来像女声，可以把音调升高 4 个半音，其操作步骤如下：

（1）在 Sound Forge 中，打开男声的数字音频文件。

（2）选择菜单命令 Effects|Pitch|Shift，打开 Sony Pitch Shift 对话框，如图 2-67 所示，在 Senitones to shift pitch by 音调改变的程度（输入的数字表示音调改变的半音数，正的数值表示音调上升，负的数值表示音调下降），或者拖动下方的滑块来输入半音数，这里输入 4。

（3）单击 OK 按钮，完成音调调整。有一点要注意，在改变音调的同时，声音的长度不可避免地会变化。音调升高时声音的长度会变短，音调降低时声音的长度会被自动加长。

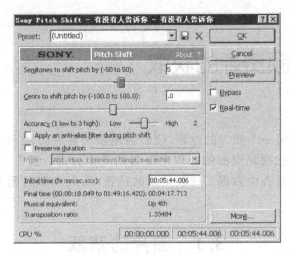

图 2-67　Sony Pitch Shift 对话框

本 章 小 结

　　本章主要阐述了数字录音技术、数字音频的获取方法、数字音频的格式及其转换、数字音频编辑及音效处理等内容。数字录音技术中介绍了常见的数字录音设备和话筒的特性及适用场合；数字音频获取方法部分介绍了使用录音笔录音、在计算机录音工作室中录音以及从 Internet 上搜索和下载等实用方法；数字音频的格式及其转换部分介绍了常用的音频格式、利用 Sound Forge 软件抓取 CD 音频和进行批量格式转换的技巧；数字音频编辑及音效处理部分主要介绍了利用 Sound Forge 软件进行简单的音频编辑及降噪处理的技巧。

　　这里介绍的是一些数字音频处理和编辑的简单、实用的方法，也是目前常用的处理方法，掌握这些基本的技术和方法，相信会对你的学习、工作、生活有所帮助。

第 3 章 视频资源的获取

素材的收集过程是一个耗时的过程,但恰当地使用各种方法和工具软件可以极大地提高工作效率。数字化视频资源的获取主要包括 3 个方面:制作、采集和格式转换。由于图片在视频的制作过程中占据了比较重要的位置,所以本章对图片资源的获取也有所涉及。

3.1 图片的获取

3.1.1 从扫描仪和数码相机中导入

1. 用扫描仪获取图像

用扫描仪获取图像是一种直接、快捷的方式,其过程是将已有的图片经过扫描仪扫描变成数字信号并存储在计算机中。要用扫描仪获取图像,首先要有一台扫描仪,并将其与计算机连接,然后要在计算机中安装相应的驱动程序,最后采用具有扫描输入功能的软件获取图像。不同的扫描仪,如何连接设备以及安装驱动程序的操作各不相同,用户可参考设备使用说明。具有扫描输入功能的软件也很多,这里主要介绍如何利用 Photoshop 软件中的扫描功能完成图像获取。具体操作如下:

(1) 在计算机中安装扫描仪驱动程序并确认扫描仪与计算机正常连接后,启动 Photoshop 软件。

(2) 如图 3-1 所示,在 Photoshop 菜单栏内选择【文件】|【输入】| Microtek Scan Module(Microtek 扫描组件)命令,启动扫描程序。

(3) 此时会弹出【Microtek 扫描模块】对话框,如图 3-2 所示。在该对话框中可调整【扫描类型】、【分辨率】、【亮度】、【对比度】、【阴影】、【突出显示】、【扫描质量】、【媒体】等参数。

(4) 将要扫描的图片放入扫描仪中,单击【预览】按钮,在对话框左侧会显示要扫描的图片,调整【亮度】、【对比度】等参数使图像清晰,如图 3-3 所示。

(5) 参数调整完成后,单击【扫描】按钮进行正式扫描。图 3-4 显示了最终扫描的效果。

2. 用数码相机获取图像

用数码相机获取图像是一种非常方便、灵活的方式,用户可以随时随地拍摄需要的画面,然后将其输入计算机。所谓数码相机,是一种能够通过内部把拍摄到的景物转换成数字格式图像的特殊照相机。它使用固定的或者是可拆卸的半导体存储器来保存获取的图像,还可以直接将数字格式的图像输出到计算机上。这里着重介绍一下如何将数码相机中的图像传送到计算机中编辑、使用。

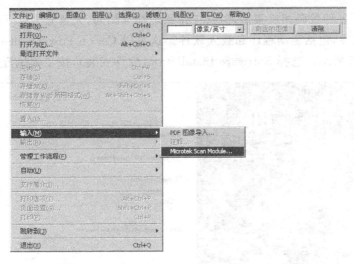

图 3-1 启动扫描程序

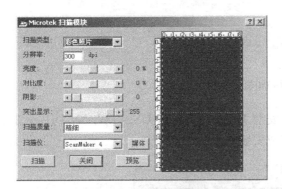

图 3-2 【Microtek 扫描模块】对话框

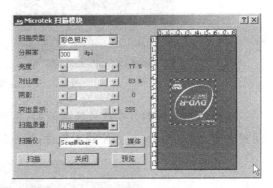

图 3-3 扫描预览

图 3-4 最终扫描效果

目前市场上各种数码相机很多,但其工作原理基本相同,大致分为以下几个步骤:

(1)安装软件,包括驱动程序和载入软件。这里以 Canon PowerShot G2 为例,启动安装光盘,如图 3-5 所示。选择 Software Installation(软件安装),按步骤执行安装程序。

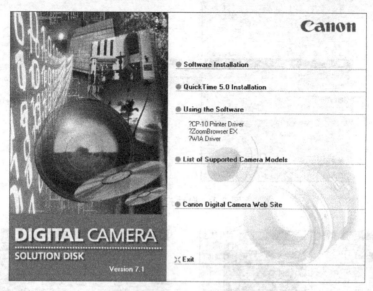

图 3-5 Canon 数码相机安装程序

当程序执行到图 3-6 显示的画面时,选择安装 Digital Camera USB TWAIN Driver 驱动程序和 ZoomBrowser EX 载入软件,继续完成安装。

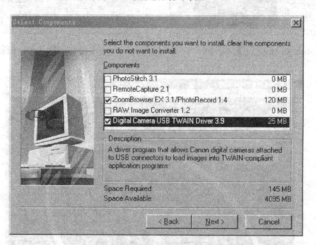

图 3-6 安装驱动程序和载入软件

(2)硬件连接。软件安装完毕,将数码相机的数字输出口与计算机的 USB 口连接,如图 3-7 所示。

(3)启动软件,载入并编辑图像。将数码相机置于播放状态,执行 ZoomBrowser EX 载入软件。如图 3-8 所示,在该软件中选择 Canon Camera(相机),会弹出 Photos on Camera(相机中的图片)对话框,通过 Select(选择)按钮选择要下载的图片,再选择 DownLoad(下载)按钮即可下载图片。

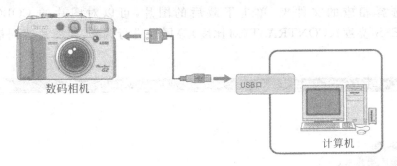

图 3-7 数码相机与计算机的连接图

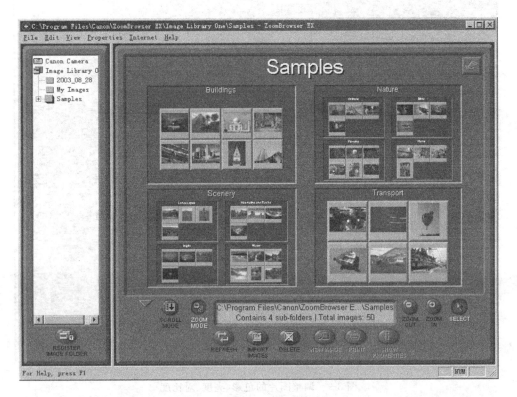

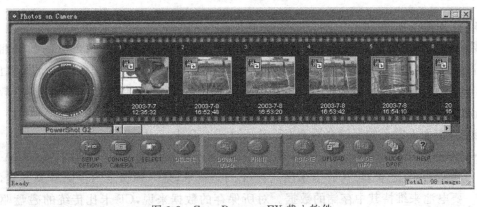

图 3-8 ZoomBrowser EX 载入软件

（4）选择相应的文件夹，单击下载后的图片，可以对图片的 COLOR（色彩）、BRIGHTNESS（亮度）、CONTRAST（对比度）等属性进行调整，使图片达到最佳效果，如图 3-9 所示。

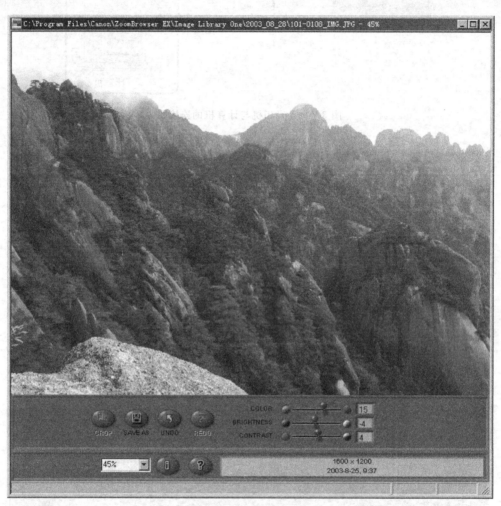

图 3-9　调整图片的色彩、亮度、对比度

3. 使用读卡器

数码相机拍摄的图像是直接存储在存储卡或微型硬盘中。现在，大部分的数码相机与存储卡采用的是分体式的设计，也就是说，大家可以把存储卡从数码相机上独立地取出来。所以，除了通过数码相机与计算机直接相连导出照片外，还可以使用读卡器直接读取数码相机上各式存储卡中的图像。

现在，市面上常见的存储介质有 CF 卡、SM 卡、SD 卡、记忆棒等。

- CF 卡（Compact Flash）是 1994 年由 SanDisk 最先推出的。CF 卡具有 PCMCIA-ATA 功能，并与之兼容。CF 卡采用闪存（flash）技术，是一种稳定的存储解决方案，不需要电池来维持其中存储的数据。对所保存的数据来说，CF 卡比传统的磁盘驱动器安全性和保护性都更高；比传统的磁盘驱动器及Ⅲ型 PC 卡的可靠性高 5 到 10 倍，而且 CF 卡的用电量仅为小型磁盘驱动器的 5%。CF 卡使用 3.3V 到 5V 之间的电压工作(包括 3.3V 或 5V)。这些优异的条件使得大多数数码相机选择 CF 卡作为其首选存储介质。

- SM(Smart Media)卡是由东芝公司在 1995 年 11 月发布的 Flash Memory 存储卡,三星公司在 1996 年购买了生产和销售许可,这两家公司成为主要的 SM 卡厂商。SmartMedia 卡也是市场上常见的微存储卡,一度在 MP3 播放器上非常的流行。由于 SM 卡本身没有控制电路,而且由塑胶制成(被分成了许多薄片),因此 SM 卡的体积小,非常轻薄,在 2002 年以前被广泛应用于数码产品当中。目前新推出的数码相机中都已经没有采用 SM 存储卡的产品了。

- SD 卡(Secure Digital Memory Card)是一种基于半导体快闪记忆器的新一代记忆设备。SD 卡由日本松下、东芝及美国 SanDisk 公司于 1999 年 8 月共同开发研制。大小犹如一张邮票的 SD 记忆卡,重量只有 2 克,但却拥有高记忆容量、快速数据传输率、极大的移动灵活性以及很好的安全性。它是一体化固体介质,没有任何移动部分,所以不用担心机械运动的损坏。SD 卡的结构能保证数字文件传送的安全性,也很容易重新格式化,所以有着广泛的应用领域,音乐、电影、新闻等多媒体文件都可以方便地保存到 SD 卡中。

- 索尼一向独来独往的性格造就了记忆棒的诞生。这种口香糖型的存储设备几乎可以在所有的索尼影音产品上通用。记忆棒(Memory Stick)外形轻巧,并拥有全面多元化的功能。它的极高兼容性和前所未有的"通用储存媒体"(Universal Media)概念,为未来高科技个人计算机、电视、电话、数码照相机、摄像机和便携式个人视听器材提供了新一代更高速、更大容量的数字信息储存、交换媒体。除了外形小巧、具有极高稳定性和版权保护功能以及方便地使用于各种记忆棒系列产品等特点外,记忆棒的优势还在于索尼推出的大量利用该项技术的产品,如 DV 摄像机、数码相机等。

为了有较强的适应性,建议大家可以购买一个万能读卡器,如图 3-10 所示,它为不同的存储卡提供了不同的插槽。读卡器的使用也是非常的简单,大家只要从数码相机中把存储卡取出,插入读卡器相应的插槽中,接下来,就可以把读卡器当作一个"活动硬盘"来使用了,不需要安装任何的驱动程序,非常的方便。

图 3-10 万能读卡器

3.1.2 从网上和屏幕上抓图

在文字、图片等多媒体素材的制作过程中,对屏幕内容进行获取并加工是一项很重要的工作。通过屏幕不仅可以获取静态的图形、图像、软件操作界面等,也可以从 DVD 影片、3D 游戏等动态画面中获取静态画面,这种将屏幕图像采集为图像文件的过程,称为屏幕抓图。

目前,能实现屏幕抓图的小软件有几十种,如 HyperSnap-DX、中华神捕、HyperCam、SnagIt 等,这些屏幕抓图软件的功能和特点各不相同,有的简单易用,有的功能全面,有的支持视频采集,有的能抓取文本信息而不是图像信息。下面,将以 SnagIt 9 为例来介绍如何获取屏幕和网络上有用的图像信息。

1. 窗口介绍

如图 3-11 所示,是 SnagIt 9 的工作界面,除了上面的标题栏和菜单栏外,主要分为 8 个功能区域。

图 3-11 SnagIt 9 的工作界面

(1)【方案】窗口中显示了 SnagIt 9 已经定制好的各种捕获方案,并且 SnagIt 9 对这些方案进行了分类,其中,【基础捕获方案】包含了几种最为常见的图像抓取方案,而【其它捕获方案】则能满足一些特殊的要求,如文本抓取、录制屏幕视频等。对于大部分的用户来说,使用 SnagIt 9 定制好的方案就能满足要求。

(2)该区域是方案工具条,提供了创建和编辑方案的功能,如果 SnagIt 9 中已有方案无法满足需求,可以使用该工具条进行管理。

(3)捕获按钮,单击该按钮后,SnagIt 9 将开始屏幕抓取过程。可以给该按钮设置快捷键,系统默认的快捷键为 PrintScreen,如果不习惯,可以选择菜单命令【工具】|【程序参数设置】进行设置。

(4)选择捕获模式,即捕获何种内容,有 4 种模式可供选择:【图像捕获】、【文本捕获】、【视频捕获】和【Web 捕获】。

(5)捕获【选项】设置,例如,这些【选项】包括:是否捕获鼠标、设置定时或延时捕获、捕获多个区域等。

(6)【方案设置】可以对当前选中方案的【输入】、【输出】和【效果】选项进行修改,如图 3-11

所示,显示的是【窗口】方案的内容。如果希望保存修改,需要单击方案工具条中的【保持当前的方案设置】按钮。

(7)【相关任务】可以快速启动【转换图像】、【打开单击快捕】、【设置 SnagIt 打印机】、【管理方案】和【管理附件】功能。

(8)【快速启动】可以快速启动【SnagIt 编辑器】和【管理图像】功能。

下面,将通过几个具体的实例来详细介绍 SnagIt 9 的使用。

2. 实例一捕获屏幕范围

在进行屏幕捕获之前,需要进行一定的预备工作。预备工作主要包括两个方面的内容:一是把想要抓取的内容显示在屏幕的最前方;二是确定是否需要抓取 SnagIt 9 窗口中的内容,因为在默认的情况下,当单击【捕获】按钮开始进行屏幕捕获时,SnagIt 9 会自动隐藏,以把屏幕上的内容充分暴露给用户,方便内容的抓取。为了在抓取屏幕内容时保留 SnagIt 9 窗口,需要进行相关设置,步骤如下:

(1)选择菜单命令【工具】|【程序参数设置】,打开【程序参数设置】对话框,如图 3-12 所示。

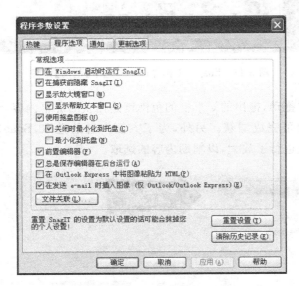

图 3-12 【程序参数设置】对话框

(2)在对话框中,选中【程序选项】选项卡,如图 3-12 所示,在【常规选项】中,取消选中【在捕获前隐藏 SnagIT】。

(3)单击【确定】按钮,完成设置。

做好前面的准备工作之后,就可以打开 SnagIt 9,开始屏幕内容的抓取。下面,将以抓取屏幕上的某个按钮图像为例,演示如何捕获某个范围的屏幕内容:

(1)打开 SnagIt,在【方案】窗口中,选中【基础捕获方案】中的【范围】方案,如图 3-13 所示。

(2)单击右下角的【捕获】按钮,SnagIt 将自动隐藏其工作界面,完全显示屏幕内容。

(3)在本例中,需要抓取的内容是某个网页中的图像按钮,如图 3-14 所示,范围的选取是通过拖动鼠标来完成的。具体的步骤是:先把鼠标移动至希望选取的屏幕范围的左上

数字音视频资源的设计与制作

图 3-13　SnagIt 工作界面——选中【范围】方案

角,按住鼠标左键,并拖动,拖出的矩形框的范围就是捕获的屏幕内容,当确定了要抓取的内容,释放鼠标左键,即可完成捕获。另外,为了方便内容的选取,SnagIt 提供了一个【放大器】,对鼠标所在位置进行了放大,以辅助内容的选取。

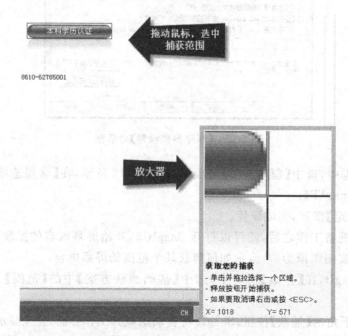

图 3-14　抓取屏幕范围时的界面效果

（4）完成捕获后，SnagIt 将默认打开【SnagIt 编辑器】，从而对所抓取屏幕图像进行进一步处理，如图 3-15 所示。

图 3-15　SnagIt 编辑器

3．实例二捕获窗口

在 Windows 中，应用程序是以一个个窗口的形式存在的，如 Word，在 Word 窗口中，可以进行文档的编辑工作。在 Windows 中，可以同时打开很多个应用程序，例如，在使用 Word 编辑文档时，同时打开金山词霸，以翻译英文单词。

有时，大家可能会有这样的需求：只抓取某个应用程序窗口的内容，如金山词霸。金山词霸的窗口肯定是整个屏幕的一个部分，通过前面介绍的【捕获屏幕范围】就可以把窗口所在范围抓取下来。但是，在使用的过程中，大家会发现这是一种非常麻烦的方法，因为在截取窗口范围时会花费很多的时间。然而，通过使用 SnagIt 提供的捕获窗口的方法，可以使得某个窗口内容的抓取变得非常的简单，其操作步骤如下：

（1）做好准备工作，即把要捕获的窗口——金山词霸显示在屏幕的最前方。

（2）打开 SnagIt，在【方案】窗口中，选中【基础捕获方案】中的【窗口】方案。

（3）单击右下角的【捕获】按钮，SnagIt 将自动隐藏其工作界面，进入捕获过程。

（4）这时，大家会发现，当移动鼠标的时候，会有一个突出显示的矩形框在不同的窗口之间变换，如图 3-16 所示，该矩形框指示了要捕获的窗口内容。当该矩形框中包含的内容与自己想捕获的窗口内容一致时，单击鼠标左键，完成捕获。

（5）完成捕获后，SnagIt 将打开【SnagIt 编辑器】，以对所抓取窗口图像进行处理。

在默认设置下，SnagIt 是打开自有的编辑器对捕获的图像进行处理。一般说来，如果只是进行一些简单的图像处理工作，SnagIt 自有的编辑器完全能够胜任。但是，有时用户有比较复杂的后期任务，或者更习惯于使用某种图像编辑软件，如 Photoshop，这时，用户希望使用 Photoshop 直接打开捕获的图像，那么可以依照以下步骤进行设置：

数字音视频资源的设计与制作

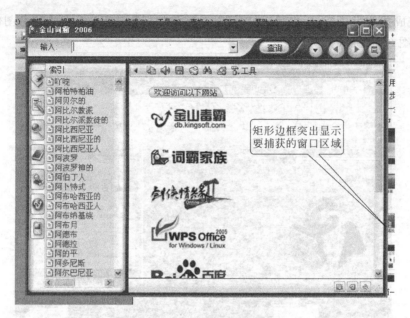

图 3-16　窗口捕获模式

（1）打开 SnagIt，确认选中了【方案】窗口中的【窗口】方案，如图 3-17 所示。

图 3-17　设置【输出】

（2）这时，在【方案设置】窗口中，将显示【窗口】方案的 3 个参数设置——【输入】、【输出】和【效果】的当前状态，例如，【效果】设置为【无效果】。

（3）实际上，接下来需要完成的工作是把捕获的图像【输出】到程序 Photoshop。在选择输出的目的地前，要先配置一下【输出属性】。如图 3-17 所示，单击【输出】按钮，从弹出的下拉菜单中选择【属性】命令，打开【输出属性】对话框。

（4）选中【程序】选项卡，如图 3-18 所示。一般说来，SnagIt 能够识别一些常用的图像编辑软件，如 Photoshop、画图等，并显示在【请选择要输出的程序】列表中。

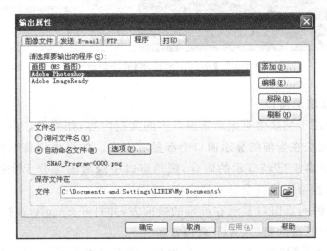

图 3-18　【输出属性】对话框

（5）如果在【请选择要输出的程序】列表中没有显示 Adobe Photoshop，首先要确认 Windows 中是否安装了 Photoshop。在确认已经安装的情况下，单击【添加】按钮，打开【添加程序】对话框，如图 3-19 所示。单击【要运行的可执行程序】右边的【打开文件】按钮，并从【打开】对话框中找到 Photoshop 程序安装的文件夹，并选中 Photoshop.exe，打开它，这时，SnagIt 会自动添加【显示名称】为 Adobe Photoshop CS，如果不希望使用该名称显示程序，可以手动更改它。然后，单击【确定】按钮，完成程序添加。

图 3-19　【添加程序】对话框

（6）如果 Photoshop 程序已经在【请选择要输出的程序】列表中，如图 3-18 所示，选择列表中的 Adobe Photoshop 选项。然后，在【文件名】域中定义图像文件的命名规则；在【保存文件在】域中，为捕获的图像选择一个输出的文件夹。单击【确定】按钮，完成【输出属性】设置。

（7）【输出属性】配置完成后，再次单击【输出】按钮，从弹出的下拉菜单中选择【程序】选项，这时，会看到【输出】按钮显示的内容是 Adobe Photoshop，如图 3-17 所示。

（8）最后，单击【方案工具条】中的【保存当前的方案设置】按钮，保存刚才对【窗口】方案的修改（在【方案】窗口的右上角，如图 3-17 所示）。以后，使用【窗口】方案捕获的图像都将使用 Photoshop 程序进行处理。

当完成所有的设置后，再次进行屏幕捕获时，SnagIt 开始还是会使用【SnagIt 编辑器】

打开捕获图像,但不同的是,SnagIt编辑器会提示单击【完成方案】按钮,也可以使用快捷键Ctrl+Enter,以使用Photoshop程序来打开刚刚抓取的图像,如图3-20所示。

图 3-20 【SnagIt 编辑器】提示完成方案

4. 实例三 捕获滚动窗口

滚动窗口主要用于捕获带有滚动条窗口中的文档内容,如网页。由于大部分的网页内容都比较长,所以无法在当前的显示窗口全部显示出来。如果采用普通的屏幕或者窗口捕获,那么只能抓取屏幕上已经显示的内容,滚动窗口中隐藏的部分无法捕获。通过SnagIt提供的滚动窗口功能可以捕获全部文档内容,其操作步骤如下:

(1) 把要捕获的网页窗口显示在屏幕的最前方,并打开SnagIt,在【方案】窗口中,选中【基础捕获方案】中的【滚动窗口(Web页)】方案。

(2) 单击右下角的【捕获】按钮,SnagIt将自动隐藏其工作界面,进入捕获过程。

(3) 【滚动窗口】的捕获过程与【窗口】的捕获过程非常的类似,即当移动鼠标的时候,会有一个突出显示的矩形框在不同的窗口之间变换,该矩形框指示了要捕获的窗口内容,而且完成捕获的方式也一样——单击鼠标左键。不同的是,当【滚动窗口】的捕获过程选中的是一个带滚动条的窗口时,SnagIt将自行滚动窗口滚动条,实现对窗口中整个文档内容的捕获,如图3-21所示,选中显示网页的滚动窗口,然后单击鼠标左键,SnagIt将抓取整个网页文档内容。

图 3-21 捕获滚动窗口

5. 实例四 提取 Web 页中的图像

有时候,大家会觉得某些网页上的图片素材内容非常好,希望把它们下载。但是,当图片数量比较多的时候,需要不断重复对每张图片进行【另存为】操作,工作非常枯燥。为此,SnagIt 提供了从网页中抽取图片的方法,非常方便,其操作步骤如下:

(1) 打开 SnagIt,在【方案】窗口中,选中【其它捕获方案】中的【来自 Web 页的图像】方案。

(2) 单击右下角的【捕获】按钮,SnagIt 将自动隐藏其工作界面,并打开【输入 SnagIt Web 捕获地址】对话框,如图 3-22 所示。

图 3-22 【输入 SnagIt Web 捕获地址】对话框

(3) 在【Web 页地址】文本框中输入想要提取图片素材的网页地址,然后单击【确定】按钮。

(4) 接下来,SnagIt 将自动完成网页中图片素材的抽取工作,并把它们存入由网站地址命名的文件夹中,然后打开【SnagIt 编辑器】显示所提取的图片素材,如图 3-23 所示。

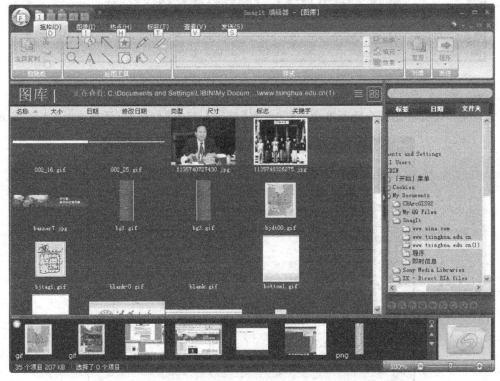

图 3-23 显示网页中提取的图片素材

3.1.3 把文本文件(PDF、Word 等)转换成图片

除了进行屏幕捕获,SnagIt 9 还提供了一个打印引擎,把一些常用的文本文档打印成一页页的图片文档。下面将以一个 PDF 文档为例,演示整个转换过程。

(1) 先使用 Adobe Acrobat 打开想要转换成图片的 PDF 文档，如图 3-24 所示。

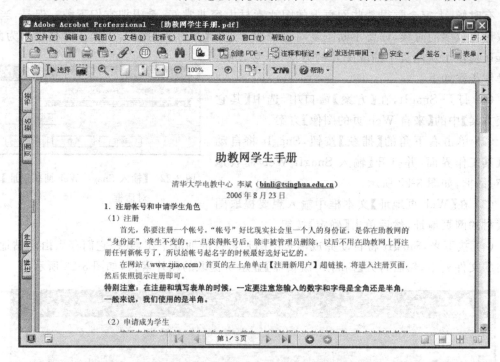

图 3-24　使用 Acrobat 打开文档

(2) 在 Acrobat 中，选择菜单命令【文件】|【打印】，打开【打印】对话框，如图 3-25 所示。

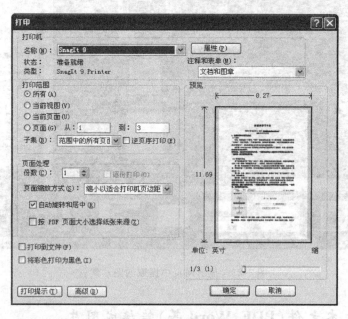

图 3-25　Acrobat 的【打印】对话框

(3) 在对话框的【打印机】域中，选中【名称】下拉列表中的 SnagIt 9 选项，然后单击【确定】按钮，Acrobat 将使用 SnagIt 9 的打印引擎开始进行打印任务。

(4) 在文档的转换过程中,不要进行任何操作。转换任务完成后,将转换完成的文档图片输出到【SnagIt 编辑器】,如图 3-26 所示,在编辑器的左下角,显示了转换完成后的图片文档的当前显示页面和总页数。

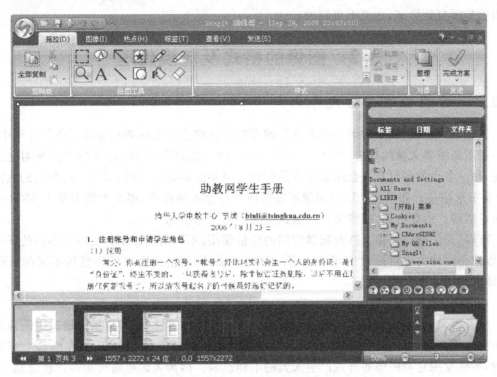

图 3-26　将转换完成的文档图片输出到【SnagIt 编辑器】

(5) 最后,单击 SnagIt 编辑器左上角的【保存】按钮,打开【另存为】对话框,选择合适的文件夹和文件名,并单击【保存】按钮。接下来,SnagIt 会打开【多页面捕获】对话框,如图 3-27 所示,提供了 4 种保存方案供选择,在这里,单击【将每个页面另存为单独的文件】链接,把每个页面保存为独立的图片文件。

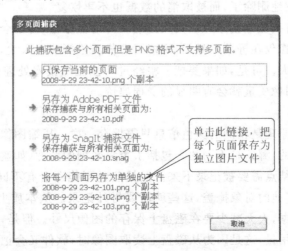

图 3-27　【多页面捕获】对话框

保存转换完成的图片文档只是处理方式中的一种,另外,还可以把这些图片文档【发送】到 Photoshop 等图像编辑器中进行进一步的处理。

对于 Word 文档等其他文档的转换过程与 PDF 文档的转换过程是一致的,请大家依照前面的步骤自行尝试,这里不再叙述。

3.2 图像的格式及转换处理

3.2.1 常用的图像格式介绍

图像格式,可以简单理解为图片或影像存放在存储介质上的表示方式。在计算机中,描述一副图像需要大量的信息,例如,一副 1024×768 的图像需要 1024×768 个点来对它进行描述,每一个点的信息量又会随每个点的颜色数量多少而有所不同,65 536 种颜色的点需要 2 个字节来描述。如果将上面的图像不经任何处理存入磁盘中,那么大概需要 1.5MB 左右的磁盘空间。由此可见,图像文件对磁盘空间的占用非常的巨大。

所以,为了减小图像文件对磁盘空间的海量使用,不同的图像格式使用了不同的压缩算法,以减小图像文件对磁盘空间的占用。总的来说,图像格式中有两种截然不同的压缩算法,即有损压缩和无损压缩。

1. 有损压缩

顾名思义,有损压缩是对图像质量有损害的一种压缩算法,它可以极大地减少图像在内存和磁盘中占用的空间。虽然有损压缩对图像的一些细节进行了舍弃,但在屏幕上观看图像时,不会发现它对图像的外观产生太大的不利影响。因为人的眼睛对光线比较敏感,光线对景物的作用比颜色的作用更为重要,这就是有损压缩技术的基本依据。

有损压缩的特点是保持颜色的逐渐变化,删除图像中颜色的突然变化。生物学中的大量实验证明,人类大脑会利用与附近最接近的颜色来填补所丢失的颜色。例如,对于蓝色天空背景上的一朵白云,有损压缩的方法就是删除图像中景物边缘的某些颜色部分。当在屏幕上看这幅图时,大脑会利用在景物上看到的颜色填补所丢失的颜色部分。利用有损压缩技术,某些数据被有意地删除了,而被取消的数据也不再恢复。

无可否认,利用有损压缩技术可以大大压缩文件的数据量,但是会影响图像质量。如果使用了有损压缩的图像仅在屏幕上显示,可能对图像质量影响不太大,至少对于人类眼睛的识别程度来说区别不大。可是,如果要把一幅经过有损压缩技术处理的图像用高分辨率打印机打印出来,那么图像质量就会有明显的受损痕迹。

2. 无损压缩

无损压缩的基本原理是相同的颜色信息只需保存一次。压缩图像的软件首先会确定图像中哪些区域是相同的,哪些是不同的。包括了重复数据的图像(如蓝天)就可以被压缩,只有蓝天的起始点和终结点需要被记录下来。但是蓝色可能还会有不同的深浅,天空有时也可能被树木、山峰或其他的对象掩盖,这些就需要另外记录。从本质上看,无损压缩的方法可以删除一些重复数据,大大减少要在磁盘上保存的图像尺寸。但是,无损压缩的方法并不能减少图像的内存占用量,这是因为从磁盘上读取图像时,软件又会把丢失的像素用适当的颜色信息填充进来。如果要减少图像占用内存的容量,就必须使用有损压缩方法。

无损压缩方法的优点是能够比较好地保存图像的质量,但是相对来说,这种方法的压缩率比较低。但是,如果需要把图像用高分辨率的打印机打印出来,最好还是使用无损压缩。

现在,图像在计算机中的应用非常的普遍,常见的网页、文档等都包含有大量的图片。目前,大家常见的图像格式有近10种之多,下面,将对这些格式做一个简单的介绍:

1. BMP 格式

BMP 是英文 Bitmap(位图)的简写,它是 Windows 操作系统中的标准图像文件格式,能够被多种 Windows 应用程序所支持。随着 Windows 操作系统的流行与丰富的 Windows 应用程序的开发,BMP 位图格式理所当然地被广泛应用。这种格式的特点是包含的图像信息较丰富,几乎不进行压缩,但由此导致了它与生俱来的缺点——占用磁盘空间过大。所以,目前 BMP 在单机上比较流行。

2. GIF 格式

GIF 是英文 Graphics Interchange Format(图形交换格式)的缩写。顾名思义,这种格式是用来交换图片的。事实上也是如此,20 世纪 80 年代,美国一家著名的在线信息服务机构 CompuServe 针对当时网络传输带宽的限制,开发出了这种 GIF 图像格式。

GIF 格式的特点是压缩比高,磁盘空间占用较少,所以这种图像格式迅速得到了广泛的应用。最初的 GIF 只是简单地用来存储单幅静止图像(称为 GIF87a),后来随着技术发展,可以同时存储若干幅静止图像进而形成连续的动画,使之成为当时支持 2D 动画为数不多的格式之一(称为 GIF89a),而在 GIF89a 图像中可指定透明区域,使图像具有非同一般的显示效果,这更使 GIF 风光十足。目前 Internet 上大量采用的彩色动画文件多为这种格式的文件,也称为 GIF89a 格式文件。

此外,考虑到网络传输中的实际情况,GIF 图像格式还增加了渐显方式,也就是说,在图像传输过程中,用户可以先看到图像的大致轮廓,然后随着传输过程的继续而逐步看清图像中的细节部分,从而适应了用户的"从朦胧到清楚"的观赏心理。目前 Internet 上大量采用的彩色动画文件多为这种格式的文件。

但 GIF 有个小小的缺点,即不能存储超过 256 色的图像。尽管如此,这种格式仍在网络上大行其道,这和 GIF 图像文件短小、下载速度快、可用许多具有同样大小的图像文件组成动画等优势是分不开的。

3. JPEG 格式

JPEG 也是常见的一种图像格式,它由联合照片专家组(Joint Photographic Experts Group)开发并命名为 ISO 10918-1,JPEG 仅仅是一种俗称而已。JPEG 文件的扩展名为.jpg 或.jpeg,其压缩技术十分先进,它用有损压缩方式去除冗余的图像和彩色数据,获得极高的压缩率的同时能展现十分丰富生动的图像,换句话说,就是可以用最少的磁盘空间得到较好的图像质量。

同时 JPEG 还是一种很灵活的格式,具有调节图像质量的功能,允许你用不同的压缩比例对这种文件压缩,比如我们最高可以把 1.37MB 的 BMP 位图文件压缩至 20.3KB。当然我们完全可以在图像质量和文件尺寸之间找到平衡点。

由于 JPEG 优异的品质和杰出的表现,它的应用也非常广泛,特别是在网络和光盘读物上,肯定都能找到它的影子。目前各类浏览器均支持 JPEG 图像格式,因为 JPEG 格式的文件尺寸较小,下载速度快,使得 Web 页可能以较短的下载时间提供大量美观的图像,JPEG

也就顺理成章地成为网络上最受欢迎的图像格式。

4. JPEG2000 格式

JPEG2000 同样是由 JPEG 组织负责制定的,它有一个正式名称叫做 ISO 15444,与 JPEG 相比,它具备更高压缩率以及更多新功能的新一代静态影像压缩技术。

JPEG2000 作为 JPEG 的升级版,其压缩率比 JPEG 高约 30%。与 JPEG 不同的是,JPEG2000 同时支持有损和无损压缩,而 JPEG 只能支持有损压缩。无损压缩对保存一些重要图片是十分有用的。JPEG2000 的一个极其重要的特征在于它能实现渐进传输,这一点与 GIF 的"渐显"有异曲同工之妙,即先传输图像的轮廓,然后逐步传输数据,不断提高图像质量,让图像由朦胧到清晰显示,而不必像现在的 JPEG 一样,由上到下慢慢显示。

此外,JPEG2000 还支持所谓的"感兴趣区域"特性,你可以任意指定影像上你感兴趣区域的压缩质量,还可以选择指定的部分先解压缩。JPEG2000 和 JPEG 相比优势明显,且向下兼容,因此取代传统的 JPEG 格式指日可待。

JPEG2000 可应用于传统的 JPEG 市场,如扫描仪、数码相机等,亦可应用于新兴领域,如网路传输、无线通信等。

5. PNG 格式

PNG(Portable Network Graphics)是一种新兴的网络图像格式。在 1994 年底,由于 Unysis 公司宣布 GIF 拥有专利的压缩方法,要求开发 GIF 软件的作者须缴交一定的费用,由此促使免费的 png 图像格式的诞生。PNG 一开始便结合 GIF 及 JPG 两家之长,打算一举取代这两种格式。1996 年 10 月 1 日由 PNG 向国际网络联盟提出并得到推荐认可标准,并且大部分绘图软件和浏览器开始支持 PNG 图像浏览,从此 PNG 图像格式生机焕发。

PNG 是目前保证最不失真的格式,它汲取了 GIF 和 JPG 二者的优点,存储形式丰富,兼有 GIF 和 JPG 的色彩模式;它的另一个特点能把图像文件压缩到极限以利于网络传输,但又能保留所有与图像品质有关的信息,因为 PNG 是采用无损压缩方式来减少文件的大小,这一点与牺牲图像品质以换取高压缩率的 JPG 有所不同;它的第 3 个特点是显示速度很快,只需下载 1/64 的图像信息就可以显示出低分辨率的预览图像;第 4 个特点是 PNG 同样支持透明图像的制作,透明图像在制作网页图像的时候很有用,大家可以把图像背景设为透明,用网页本身的颜色信息来代替设为透明的色彩,这样可让图像和网页背景很和谐地融合在一起。

PNG 的缺点是不支持动画应用效果,如果在这方面能有所加强,简直就可以完全替代 GIF 和 JPEG 了。Macromedia 公司的 Fireworks 软件的默认格式就是 PNG。现在,越来越多的软件开始支持这一格式,而且这种格式在网络上也越来越流行。

6. PSD 格式

这是著名的 Adobe 公司的图像处理软件 Photoshop 的专用格式 Photoshop Document (PSD)。PSD 其实是 Photoshop 进行平面设计的一张"草稿图",它里面包含有各种图层、通道、遮罩等多种设计的样稿,以便于下次打开文件时可以修改上一次的设计。在 Photoshop 所支持的各种图像格式中,PSD 的存取速度比其他格式快很多,功能也很强大。由于 Photoshop 应用广泛,所以这种格式也非常流行。

7. TIFF 格式

TIFF(Tag Image File Format)是 Mac 中广泛使用的图像格式,它由 Aldus 和微软联合

开发,最初是出于跨平台存储扫描图像的需要而设计的。它的特点是图像格式复杂,存储信息多。正因为它存储的图像细微层次的信息非常多,图像的质量也得以提高,故而非常有利于原稿的复制。

该格式有压缩和非压缩两种形式,其中压缩可采用 LZW 无损压缩方案存储。不过,由于 TIFF 格式结构较为复杂,兼容性较差,因此有时软件可能不能正确识别 TIFF 文件(现在绝大部分软件都已解决了这个问题)。目前在 Mac 和 PC 上移植 TIFF 文件也十分便捷,因而 TIFF 现在也是微机上使用最广泛的图像文件格式之一。

8. SVG 格式

SVG 的英文全称为 Scalable Vector Graphics,意思为可缩放的矢量图形。它是基于 XML(Extensible Markup Language),由 World Wide Web Consortium(W3C)联盟进行开发的。严格来说,它应该是一种开放标准的矢量图形语言,可让你设计激动人心的、高分辨率的 Web 图形页面。用户可以直接用代码来描绘图像,可以用任何文字处理工具打开 SVG 图像,通过改变部分代码来使图像具有互交功能,并可以随时插入到 HTML 中通过浏览器来观看。

它提供了目前网络流行格式 GIF 和 JPEG 无法具备的优势:可以任意放大图形显示,但绝不会以牺牲图像质量为代价;字在 SVG 图像中保留可编辑和可搜寻的状态;一般来说,SVG 文件比 JPEG 和 GIF 格式的文件要小很多,因而下载速度也很快。可以相信,SVG 的开发将会为 Web 提供新的图像标准。

9. TGA 格式

TGA 格式(Tagged Graphics)是由美国 Truevision 公司为其显示卡开发的一种图像文件格式,文件后缀为.tga,已被国际上的图形、图像工业所接受。TGA 的结构比较简单,属于一种图形、图像数据的通用格式,在多媒体领域有很大影响,是计算机生成图像向电视转换的一种首选格式。

TGA 图像格式最大的特点是可以做出不规则形状的图形、图像文件,一般图形、图像文件都为四方形,若需要有圆形、菱形甚至是镂空的图像文件时,TGA 可就派上用场了! TGA 格式支持压缩,使用不失真的压缩算法。

3.2.2 图片的批量转换

图片的批量转换是多媒体制作人员经常碰到的任务。如果没有合适的转换工具,对大批量的图片进行格式转换将非常地费时费力。现在,很多的图像工具都提供了图片格式的批量转换功能。

1. 使用 SnagIt 9 批量转换图片

除了进行屏幕捕获外,SnagIt 9 还可以进行图片格式的批量转换,其操作方法如下。

(1) 打开 SnagIt,在【相关任务】窗口中,单击【转换图像】链接,开始图片批量转换过程,整个过程分为 4 个步骤。

(2) 步骤一:选择文件。如图 3-28 所示,批量转换的第一步将打开【选择文件】对话框。该步骤是选择要进行格式转换的图片文件。单击【添加文件】按钮,打开文件【打开】对话框,然后选择需要进行格式转换的图片文件并打开。选择完成后,单击【下一步】按钮,进入下一步。

图 3-28　步骤一：选择文件

（3）步骤二：转换过滤。如图 3-29 所示，该步骤用于定义转换过程中想要使用的过滤器，它们可以对图片进行一些额外的效果处理（除了格式转换外），如设置图片的分辨率。在本例，不对图片进行任何特殊处理，单击【下一步】按钮，进入下一步。

图 3-29　步骤二：转换过滤

（4）步骤三：输出选项。如图 3-30 所示，该步骤需要进行 3 项设置：一是选择【输出目录】，即把转换完成的图片文件存放在哪个目录，如果忘记目录，可以单击右边的【浏览文件夹】按钮进行选择；二是设置图片的输出格式，这里选择【JPG-JPEG 图像】选项，另外，如果对输出格式有特殊的要求，可以单击右边的【选项】按钮，对 JPG 格式进行设置；三是定义输出图片的文件名称，大家可以根据自己的爱好和需要进行定义。设置完成后，单击【下一步】按钮，进入下一步。

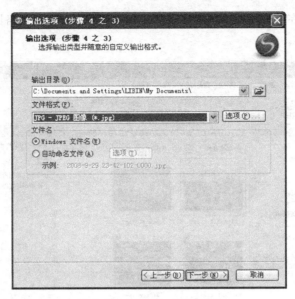

图 3-30　步骤三：输出选项

（5）步骤四：完成转换。如图 3-31 所示，其中列出了前 3 个步骤的各项设置，如果确认无误，单击【确定】按钮，SnagIt 将开始进行图片转换任务。

图 3-31　步骤四：完成转换

2．使用 ACDSee 10 批量转换图片

ACDSee 主要是一个图片浏览工具，但它也可以实现图片格式的批量转换，其操作步骤如下：

（1）在进行批量转换任务前，最好把需要进行格式转换的图片存放在一个独立的目录下。

（2）打开 ACDSee，如图 3-32 所示，从左边的【文件夹】窗口中，选择存放需要进行格式转换图片的文件夹,在 ACDSee 的内容浏览窗口(中间窗口)将以缩略图的形式显示该文件夹下所有的图片内容。

图 3-32　ACDSee 10 工作界面

(3) 使用快捷键 Ctrl+A,选中全部图片,然后在选中图片的任一张上单击鼠标右键,从弹出的菜单中选择命令【工具】|【转换文件格式】,打开【批量转换文件格式】对话框,如图 3-33 所示,在左边【格式】列表中选择 JP2 格式。如果有特殊要求,可以单击【格式设置】按钮,对选中的格式进行设置。单击【下一步】按钮,进入下一步。

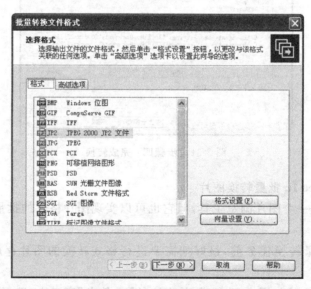

图 3-33　【批量转换文件格式】对话框之步骤一

(4) 如图 3-34 所示,在【目的地】域下,对完成格式转换图片的输出文件夹进行设置,这里选择【将修改后的图像放入源文件夹】选项;保持【文件选择】域中的默认设置。单击【下一步】按钮,进入下一步。

(5) 接受该步骤的默认设置,单击【开始转换】按钮,ACDSee 将开始选中图片的格式转换工作,并显示转换进度。

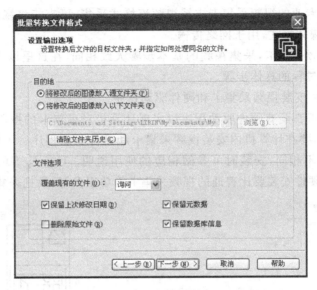

图 3-34 【批量转换文件格式】对话框之步骤二

(6) 等待 ACDSee 完成转换任务,单击【完成】按钮,确定任务完成。

这时,可以在与源图片相同的目录下找到自己所需要格式的图片文件了。

3.3 视频的获取

3.3.1 视频的采集

1. 用视频采集卡采集视频

目前,大部分的视频内容都是通过摄像机摄制,存放在磁带中的,为了使视频能在计算机中播放,需要进行一个数字化的过程。视频数字化的过程是指将模拟视频信号经过采样、压缩、编码转化成数字视频信号的过程。数字化的过程通常以模拟摄像机、录像机、LD 视盘机、电视机输出等设备作为模拟视频信号的输入源,计算机通过视频采集卡,对模拟视频信号进行采集、量化转化成数字信号,然后压缩编码成数字视频。

目前不同规格的视频采集卡很多,像 Optibase、Pinnacle(品尼高)、Osprey、Broadway (百老汇)等,这些采集卡各有特色,适用于不同的需求。视频采集的质量在很大程度上取决于视频采集卡的性能以及模拟视频信号源的质量。不同的视频采集卡,其采集的视频格式、输入接口的形式、采样码率、采集分辨率等参数各不相同。

对于广播级的视频采集卡,一般采集卡输入接口提供 SDI(数字分量)、YUV(Y,R-Y、B-Y 分量)、Y/C(亮/色分量)、S-Video、复合视频输入等形式,其中以 SDI 接口采集时,视频信号失真最小；采集的格式一般支持 Mpeg-1、Mpeg-2、DVD、VCD 等格式；采集分辨率最高可支持 720×576 像素、704×576 像素；采集码率可达 15MB 以上。

对于专业级的视频采集卡，一般采集卡输入接口提供 Y/C（亮/色分量）、S-Video、复合视频（Composite Video）输入等形式；采集的格式一般支持 Mpeg-1、AVI、VCD 等格式；采集分辨率支持 320×240 像素等；采集码率在 10MB 以内。

目前还有一些专业的视频采集卡支持视频流格式采集，可直接将视频源的信号采集为 asf、wmv、rm 等流媒体格式，用于网络传输。

对于不同的视频采集卡，采集视频的基本步骤大致相同，在这里以 Osprey 50 为例，介绍一下视频数字化过程的具体步骤。

(1) 在计算机内安装视频采集卡和硬件驱动程序。

视频采集卡一般都配有硬件驱动程序以实现计算机对采集卡的控制和数据通信，因此在进行视频采集前，要在计算机内安装视频采集卡和硬件驱动程序。不同的采集卡其硬件驱动和采集软件各不相同，安装时可参阅相应的使用说明。Osprey 50 是 USB 采集卡，如图 3-35 所示，它的硬件安装要比普通的视频采集卡简单很多，只要把采集卡的 USB 接口插入计算机插口就行。

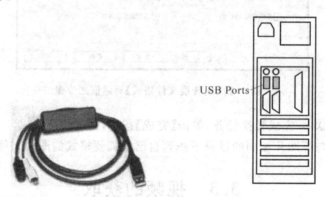

图 3-35　安装视频采集卡

(2) 硬件连接。

由于 Osprey 50 只能采集视频信号，所以用于采集的计算机需要安装有声卡，通过声卡的【线路输入】来采集音频。因此，视频源与采集计算机的连接是这样的：把视频输出（S Video 或 Composite Video）连接到 Osprey 50 卡上的相应视频接口；把音频输出接入声卡的 Line In 接口。

(3) 启动采集软件，设置采集参数。

一般说来，视频采集卡的软件中自带有采集软件，例如，Osprey 50 的采集软件是 Amcap。但是，除了自带的采集软件外，也可以使用一些通用的视频编辑软件，如使用 Sony Vegas Video、Windows Media 编码器等进行采集。在这里，将以 Vegas Video 6 为例来实现视频的采集。

首先打开 Vegas Video 6，如图 3-36 所示，选择菜单命令【文件】|【采集视频】，Vegas 将打开【采集视频】对话框，如图 3-37 所示，选中【使用外部视频采集程序】单选框，单击【确定】按钮，将打开 Sony Video Capture 6.0，如图 3-38 所示，可以使用 Capture 来实现对视频的采集。

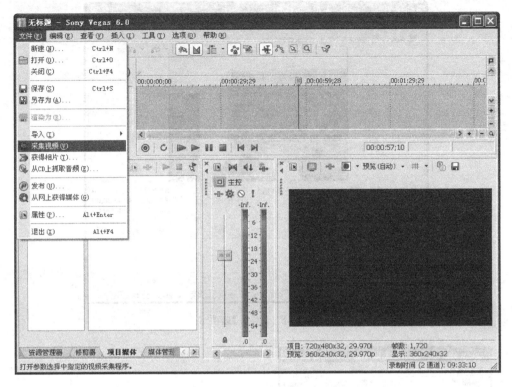

图 3-36　Vegas Video 6 软件界面

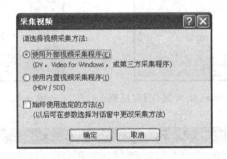

图 3-37　【采集视频】对话框

接下来,在录制之前,需要完成对音视频的一些设置工作。

- 视频设置:选择菜单命令【视频】|【Osprey 50 USB Capture 采集属性】,打开【Osprey 50 USB Capture 采集属性】对话框,如图 3-39 所示。在该对话框中,可以设置视频的帧率、颜色和窗口大小等,完成设置后,单击【确定】按钮。
- 音频设置:选择菜单命令【音频】|【音频采集格式】,打开【音频采集格式】对话框,如图 3-40 所示。在该对话框中,可以设置音频的格式和采样率。
- 视频文件保存路径:选择菜单命令【选项】|【参数选择】,打开【参数选择】对话框,然后选中【磁盘管理】选项卡,如图 3-41 所示,可以双击【采集文件夹】中的相关选项,为采集的视频文件选择输出文件夹。

数字音视频资源的设计与制作

图 3-38 【采集】选项卡

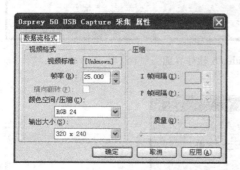

图 3-39 【Osprey 50 USB Capture 采集属性】对话框

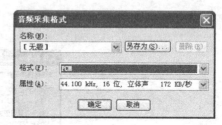

图 3-40 【音频采集格式】对话框

图 3-41 【参数选择】对话框的【磁盘管理】选项卡

(4) 启动视频源，进行采集。

采集参数设置完毕后，即可进行采集操作。先启动视频源播放视频内容，然后单击【采集视频】按钮即可开始录制，录制结束时单击【停止】按钮结束，如图3-38所示。

(5) 播放采集的视频。

视频采集完成后，可以直接在 Vegas Video 6 的【项目媒体】窗口中找到它，并可以在右边的预览窗口播放它，如图3-37所示。

2. 使用1394接口采集视频

现在，大部分的家用摄像机和笔记本都带有1394数据接口，使用一根1394数据线把摄像机和笔记本计算机进行连接，就可以实现摄像机所录制视频的采集，不需要安装任何采集卡，非常的方便。下面是使用1394接口采集摄像机中视频的完整过程。

(1) 使用一根1394数据线，连接摄像机和采集视频的笔记本计算机。如果是初次连接，Windows会提示发现新硬件，这个不用担心，Windows会自动找到驱动程序并安装。

(2) 驱动安装完成后，Windows会自动打开一个【数字视频设备】的对话框，如图3-42所示，选择【录制视频——使用 Windows Movie Maker】选项，并单击【确定】按钮，告诉 Windows，我们将使用 Windows Movie Maker 程序来录制视频。

图3-42 【数字视频设备】对话框

(3) 此时，Windows 将打开 Windows Movie Maker 程序，并自动进入捕获视频的过程，打开【视频捕获向导】对话框，如图3-43所示。在【为捕获的视频输入文件名】文本框中输入采集视频的文件名称；在【选择保存所捕获的视频的位置】文本框中输入或【浏览】视频文件所存放的文件夹。设置完成后，单击【下一步】按钮。

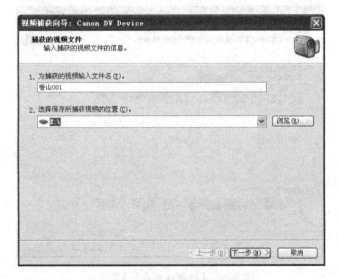

图3-43 【视频捕获向导】对话框

(4) 接下来，Windows Movie Maker 将进入【视频捕获向导】的第二步，如图 3-44 所示，设置捕获视频的质量和大小。一般推荐选择【在我计算机上播放的最佳质量】选项，如果质量和大小无法满足要求，可以选择【其他设置】中的其他选项。

(5) 单击【下一步】按钮，进入【视频捕获向导】的第三步，如图 3-45 所示，设置【捕获方法】。如果想录制整卷录像带，推荐选择【自动捕获整个磁带】，否则选择【手动捕获部分磁带】；如果希望在录制时预览视频，请选中【捕获时显示预览】复选框。

(6) 单击【下一步】按钮，Windows Movie Maker 将开始采集视频，如图 3-46 所示，整个采集过程将分 3 步完成：倒带、捕获视频和创建文件，它们都将由 Windows Movie Maker 自动完成。

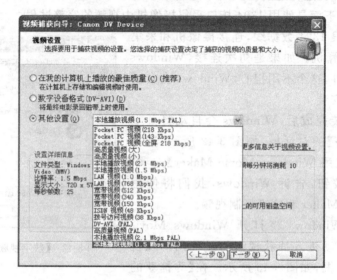

图 3-44 【视频捕获向导】第二步

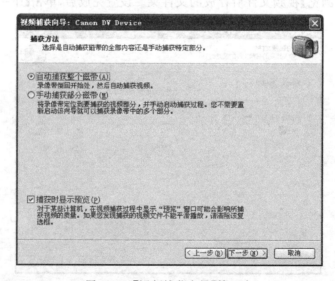

图 3-45 【视频捕获向导】第三步

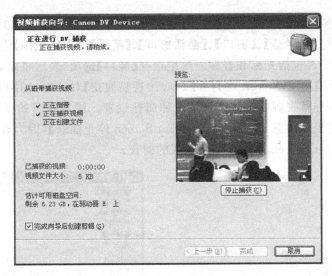

图 3-46 【视频捕获向导】之采集视频

(7) 如果中途想停止采集,可以单击【停止捕获】按钮。最后,单击【完成】按钮,完成采集任务。

3. 用屏幕捕获工具 SnagIt 9 捕获屏幕视频

SnagIt 9 是一个非常不错的屏幕、文本和视频捕获软件。前面已经给大家讲解了如何使用它抓取屏幕图像,这里主要介绍利用 SnagIt 9 录制屏幕视频。

利用 SnagIt 9 录制屏幕视频的操作步骤如下:

(1) 打开 SnagIt,在【方案】窗口中,选中【其它捕获方案】中的【录制屏幕视频】方案,如图 3-47 所示。

图 3-47 SnagIt 9 的工作界面

(2) 单击【方案设置】中的【输入】按钮,将打开一弹出菜单,如图 3-48 所示,可选择录制屏幕视频的区域,包括【屏幕】、【窗口】、【激活窗口】、【范围】、【固定范围】等选项,还可以选择录制屏幕视频时,是否包括光标和音频。这里选择【屏幕】选项,表示将录制整个屏幕。

(3) 单击【捕获】按钮,SnagIt 将打开【SnagIt 视频捕获】对话框,如图 3-49 所示,对话框中显示了当前捕获屏幕视频的一些统计信息和属性设置。注意在开始录制视频前,一定要记住对话框下面的提示信息:【请按 Alt+Print Screen 停止捕获】,因为开始录制后,需要使用快捷键 Alt+Print Screen 来停止屏幕视频的捕获。

图 3-48 录制视频的【输入】弹出菜单

图 3-49 【SnagIt 视频捕获】对话框

(4) 单击【开始】按钮,SnagIt 会隐藏【SnagIt 视频捕获】对话框,并开始屏幕视频的录制任务,用户可以在屏幕上进行想要被记录的工作,SnagIt 将自动记录。

(5) 按住快捷键 Alt+Print Screen,SnagIt 将停止录制,并重新打开【SnagIt 视频捕获】对话框,此时,对话框中的【停止】和【继续】按钮将激活。单击【继续】按钮,可以在前面录制工作的基础上继续录制任务;而单击【停止】按钮,SnagIt 会打开编辑器,并显示刚录制完成的屏幕视频;如果觉得录制的视频不满意,可以单击【取消】按钮。

另外,除了录制整个屏幕外,SnagIt 还可以选择指定的屏幕"范围"进行录制,其录制过程与前面的过程类似,这里不再叙述。

3.3.2 从网上搜索和下载视频

随着科技的发展和宽带、摄像器材的普及,越来越多的人开始自己制作和通过网络来分享自己拥有的视频资源。现在,Internet 已经成为一个取之不尽、用之不竭的视频资源库,对于多媒体的制作者和爱好者来说,一定要了解通过网络来寻找视频素材的渠道和下载的方法,从而丰富自己的素材来源。在本节,主要给大家介绍 3 个方面的内容:国内外主流视频网站、主要的视频搜索引擎和 P2P(点对点)的下载工具。

1. 国内外主流视频网站

近几年,国内外的视频网站得到了非常迅猛的发展,目前国内外主要的视频网站有我乐网、土豆网、优酷网、六间房、youtube 等。

1) 我乐网——www.56.com

我乐网是一个网络视频短片分享娱乐网站。网站于 2005 年 4 月运营,凭借自己独特优势,我乐网在国内互联网网络视频短片领域做得非常成功,由此缔造了一个网络人气巨大的,人与人之间互动更加真实、生动的视频分享交流平台,实现了公司"分享视频、分享快乐"的服务理念。

2005年10月,我乐网成为国内第一个推出同时支持在线录制和上传视频短片服务的网站。在推出服务短短2周内,网友原创视频数即突破20 000个。截至2007年8月底,56.com已拥有超过5000万视频作品;注册用户数突破2500万,单日视频浏览总时长超过1亿分钟,成为中国人气最为旺盛的网络视频短片分享平台。

在我乐网上,任何互联网用户可以通过摄像头在线录制视频、视频文件上传和制作相册视频,来与朋友共同分享视频的乐趣。

2) 土豆网——www.tudou.com

土豆网是中国领先的网络视频内容分享平台,短短两年时间里,其注册用户已经达到600万,每天上传视频20 000余条,日浏览量达到6000万,已成为各项关键数据均首屈一指的国内最大规模的视频网站。视频下载收费是目前土豆网的主要赢利点。土豆网已入选国内十大播客网站。

3) 优酷网——www.youku.com

优酷网以"快者为王"为产品理念,注重用户体验,不断完善服务策略,其卓尔不群的"快速播放,快速发布,快速搜索"的产品特性,充分满足用户日益增长的多元化互动需求,使之成为国内视频网站中的领军势力之一。2007年7月中国互联网协会发布2007年度(上半年)中国互联网调查报告,优酷网深受用户喜爱,在品牌认知度方面领先于同行业其他网站;同年8月29日,优酷网入选"2007年度Red Herring最具潜力科技创投公司亚洲百强"称号,成为唯一获此殊荣的视频网站。优酷网以视频分享为基础,开拓三网合一的成功应用模式,为用户浏览、搜索、创造和分享视频提供最高品质的服务。

4) 六间房——www.6.cn

六间房是一家新锐的Web 2.0视频网站,与YouTube定位一样,它本身不提供视频内容,只提供一个视频发布平台,上传的内容以用户原创为主,比如家庭录像、个人的DV短片等。

六间房具有典型的Web 2.0网站的特征:以用户为核心;用户产生内容;通过共同的兴趣,用户再产生沟通和联系。说到用户产生内容,许多人立刻想到了胡戈。在一定程度上,六间房的迅速蹿红也源于胡戈。六间房在试运行初期,就首发了胡戈拍摄的新片《鸟笼山剿匪记》,一时间,众多"粉丝"蜂拥下载,上线不久的"六间房"的服务器因此差点宕机。

5) youtube.com

YouTube是设立在美国的一个视频分享网站,让使用者上载观看及分享视频短片。它是一个可供网民上载观看及分享视频短片的网站,至今已成为同类型网站的翘楚,并造就了多位网上名人和激发了网上创作。截止到2006年,它大概有4000万段视频。

YouTube作为当前行业内最为成功、实力最为强大、影响力颇广的在线视频服务提供商,YouTube的系统每天要处理上千万个视频片段,为全球成千上万的用户提供高水平的视频上传、分发、展示、浏览服务。

通过强有力的技术支持,YouTube提供了对多种格式视频内容的支持,并且在对上传文件规格的规定上也放得比较开,容量不超过100MB,长度不超过10分钟的视频在这里都是被允许的。

Google 对 YouTube 的收购,曾成为当时轰动网络世界的新闻。

2. 主要的视频搜索引擎

随着专业视频网站的发展,Internet 已经成为了一个海量的视频资源库。面对如此巨大的视频资源以及网民对视频搜索需求的日益增加,视频搜索服务也取得了突飞猛进的发展。

目前,比较著名的中英文视频搜索引擎如下:

- 百度视频搜索(http://video.baidu.com/)。百度是汇集几十个在线视频播放网站的视频资源而建立的庞大视频库。百度视频搜索拥有最多的中文视频资源,提供用户最完美的观看体验。内容包括互联网上用户传播的各种广告片、预告片、小电影、网友自录等视频内容以及 WMV、RM、RMVB、FLV、MOV 等多种格式的视频文件检索。
- 爱问视频搜索(http://v.iask.com/)。新浪视频搜索用于搜索网络上的视频文件,可搜索到 rmvb、rm、asx、wmv、mpg 等各种视频播放格式的文件以及压缩后的 rar、zip 等文件。文件类型涉及影视题材、音乐 mv、新闻资讯、广告、DV 作品、FLASH 以及小视频等。
- 天线视频(http://www.openv.tv/)。天线视频是以独特的视频搜索技术为核心的,以海量、优质和热点的视频内容为基础的,提供个性化、有深度的内容服务和互动体验的全新视频新媒体平台。天线视频于 2006 年 4 月正式上线,现在,网站日均浏览量已经突破了 3000 万次。在天线视频这个中文电视网络服务平台上,用户可以轻松用各种方式收看到多达 578 个频道、3000 多套中文电视节目,包括中央电视台、北京电视台、上海文广集团、凤凰卫视、湖南卫视、华娱卫视等 30 多家国内主流电视台,累积超过 36 亿分钟的正版电视节目资源。
- 迅雷狗狗搜索(http://www.gougou.com/)。非常人性化的影视搜索引擎,另外,还可以搜索音乐、游戏、软件、书籍等。
- SOSO 视频搜索(http://video.soso.com/)。提供电视视频、网络视频搜索。速度快,但内容较贫乏。
- Google 视频搜索(http://video.google.com/)。用户用关键字即可搜索到许多组织的视频数据库索引以及网友上载的视频文件。
- Yahoo 视频搜索(http://video.search.yahoo.com/)。能够搜索微软 Windows Media、苹果 QuickTime、RealNetwork 的 Real Media 等多种格式的视频文件。

虽然目前视频类搜索网站发展迅速,但现阶段国内用户对于专业视频搜索的认知程度还比较低。导致这种状况发生的原因主要是搜索的质量不高,具体表现在搜索的精度不高,清晰度差,目标性差。针对这些情况,大家可以适当使用专业视频网站的内部搜索,以适当弥补这些缺陷。无论怎样,随着技术的发展,相信这些问题会逐步得到解决。

3. P2P 下载工具

视频资源的容量一般都比较大,超过 100MB 是常见的。在国内,虽然宽带发展非常的快,但就全国而言,网络的结构非常复杂,例如,国内存在几个大的运营商:电信、网通、教育网等,各运营商网络间的数据传输就存在瓶颈,网速慢且不稳定。因此,为顺利下载大数据量的视频文件,选择好的下载工具就显得非常的重要。

P2P 是 peer-to-peer 的缩写,peer 在英语里有"同等者"、"同事"和"伙伴"等意义,P2P 可以理解为"伙伴对伙伴"的意思,或称为对等联网。P2P 还是 point-to-point 点对点下载的意思,它是下载术语,意思是在你下载的同时,自己的计算机还要继续做主机上传,这种下载方式人越多速度越快,但缺点是可能对硬盘有一定的损伤,对内存占用较多,影响整机速度。

基于 P2P 的特点,对于大文件,如视频文件,一般采用 P2P 的下载方式,以提高下载速度。目前,大部分的下载工具都集成了 P2P 的下载功能。现在,国内比较流行的下载工具有超级旋风、迅雷和快车(FlashGet)等。

1) 超级旋风

超级旋风的最大特点是下载速度快,超级旋风支持多个任务同时进行,每个任务使用多地址下载、多线程、断点续传、线程连续调度优化等;另外,运行时资源占用少,下载任务时占用极少的系统资源,不影响您的正常工作和学习;程序体积小、安装快捷,可在几秒内安装完成;资源管理功能强大,可在已下载目录下创建多个子类,每子类可指定单独的文件目录。

2) 迅雷

迅雷使用的多资源超线程技术基于网格原理,能够将网络上存在的服务器和计算机资源进行有效的整合,构成独特的迅雷网络。通过迅雷网络,各种数据文件能够以最快速度进行传递。多资源超线程技术还具有互联网下载负载均衡功能,在不降低用户体验的前提下,迅雷网络可以对服务器资源进行均衡,有效降低了服务器负载。

3) 快车(FlashGet)

快车是互联网上非常流行,使用人数也非常多的下载软件。采用多服务器超线程技术、全面支持多种协议,具有优秀的文件管理功能。快车是绿色软件,无广告、完全免费。

下面,将以迅雷为例,对下载工具的使用做一个简单介绍。

就下载工具而言,迅雷公司目前推出了两款产品:迅雷 5 和 Web 迅雷。实际上,两款产品都是同一下载内核,从速度和性能上是一样的,区别在于用户的使用习惯,如果习惯用传统的客户端式的下载工具,迅雷 5 将会比较合适;如果对下载要求比较简单,而且更习惯于传统的网页浏览形式,新推出的 Web 迅雷将更顺手。这里将介绍 Web 迅雷的一些常用配置和使用方法。如果大家还没有安装 Web 迅雷,可以登录迅雷公司的网站:www.xunlei.com,下载 Web 迅雷的安装程序并安装。

1) 新建下载任务

在 Web 迅雷里新建任务非常的简单,其操作步骤如下:

(1) 登录相应的视频网站,或者使用相关视频搜索引擎,如狗狗,找到视频资源的链接地址,如图 3-50 所示。

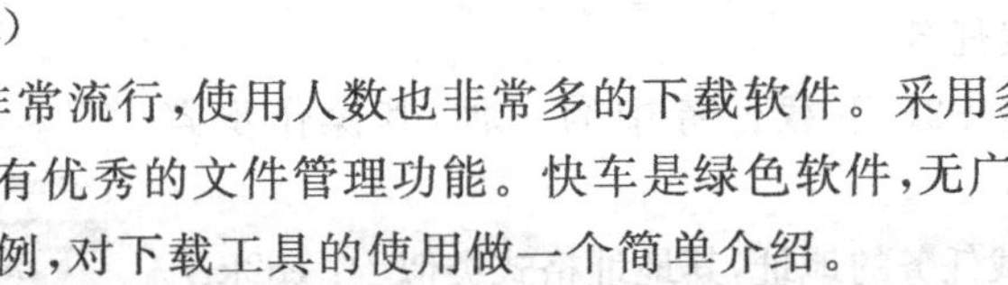

图 3-50 搜索到的视频资源地址

（2）单击相应的链接地址，进入下载页面，在页面的左上角都能看到如图3-51中的【点击下载】的链接。在此链接上单击鼠标右键，并从弹出的快捷菜单中选择【使用Web迅雷下载】命令，如图3-51所示，将打开【新的下载】对话框。

（3）如图3-52所示，在对话框中，可以为下载的视频资源选择【存储目录】；如果有必要，还可以在【另存名称】文本框中更改视频文件的名称。

（4）单击【开始下载】按钮，Web迅雷将新建一个下载任务，并开始下载。

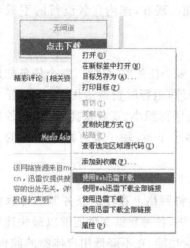

图 3-51　网页链接的弹出菜单

图 3-52　【新的下载】对话框

2）建立电驴下载任务

电驴下载任务是P2P下载任务中的一种，其操作步骤如下：

（1）找到电驴下载任务的地址，其地址格式类似于：ed2k:// |file|[透明人II].Hollow.Man.II.2006.STV.DVDRip.XviD-hMAN.avi|732981248|0E57822A6A65BE2688C08328D36FF04C| h=L5F2Y4BMYKEMQ6DR6UOJ4XVM2J2HDFXK|。

（2）在Windows任务栏上的Web迅雷图标上单击右键，如图3-53所示，从弹出的菜单中选择命令【常用功能】|【新建普通任务】，打开【新的下载】对话框。

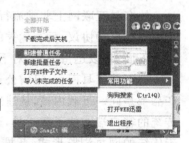

图 3-53　Windows任务栏上的Web迅雷图标

（3）如图3-52所示，把电驴任务的下载地址粘贴到【网址（URL）】文本框中，然后单击【开始下载】按钮，开始下载任务。

3.4　视频的格式转换

大家都知道，不同的视频格式会有不同的应用场合，例如，MPEG-II格式的视频用于制作DVD，而RM格式则属于网络流媒体；另外，不同格式的视频需要对应的播放器：MOV格式文件用QuickTime播放，RM格式的文件用RealPlayer播放。所以，为了适应特定的应用情境，经常需要在不同格式的视频间实现转换。

3.4.1 几种常见的视频格式

总的来说,视频文件包括影像文件和流式视频文件,影像文件在 VCD 文件中见的比较多,流式视频文件则是随着互联网发展起来的。下面一起来看看这些文件格式的特点。

1. AVI 格式

AVI 的英文全称是 Audio Video Interleave,叫做音频视频交错。首先,它最大的优点是兼容好、调用方便、图像质量好;还可以根据不同的应用要求,随意调整 AVI 的分辨率。其次,对计算机的配置要求不高,可以先做成 AVI 格式的视频,再转换为其他格式。

AVI 从 Windows 3.X 时代开始,就成为了主流视频格式,其地位好比音频格式中的 WAV。在 AVI 文件中,视频信息和伴音信息是分别存储的,因此可以把一段 AVI 文件中的视频与另一个 AVI 文件中的伴音合成在一起。AVI 文件结构不仅解决了音频和视频的同步问题,而且具有通用和开放的特点。它可以在任何 Windows 环境下工作,很多软件都可以对 AVI 视频直接进行编辑处理。

尽管 AVI 拥有兼容性好、调用方便、图像质量优良等特点,然而其缺点也是显而易见的,这就是 AVI 文件太过庞大。另外,AVI 还存在 2GB 或 4GB 的容量限制(FAT32 文件系统)。

2. NAVI 格式

NAVI 是 NewAVI 的缩写。它是一个名为 ShadowRealm 的地下组织发展起来的一种新视频格式,它由 Microsoft ASF 压缩算法的修改而来,NAVI 为了追求压缩率和图像质量这个目标,而在 ASF 的视频流特性方面作了些让步。概括来说,NAVI 就是一种去掉视频流特性的改良型 ASF 格式,再简单点就是非网络版本的 ASF。

3. MPEG-I(VCD)

MPEG-I 应该是大家接触最多的视频格式,VCD 就采用这一编码方式。PAL 制式的 MPEG-I 的分辨率为 352×288,稍强于 VHS 画质,而且可以将大约 74 分钟的 MPEG-I 文件存储在一张容量为 650MB 的光盘中,因而得以大规模普及。

不过以现今的眼光来看,MPEG-I 无论是画质还是文件大小方面都难以令人满意,因此逐渐被其他先进编码格式取代也是必然的趋势。

4. MPEG-II(DVD)

MPEG-II 在 MPEG-I 的基础上将画质大幅提升,PAL 制式的标准 MPEG-II 分辨率高达 720×576。此外,MPEG-II 在编码时使用了帧间压缩和帧内压缩两种方式,并且通过运动补偿等技术来改善画质。

从清晰度来看,MPEG-II 几乎是无可挑剔的,但是 MPEG-II 也并非十全十美。由于 MPEG-II 没能在压缩技术上有所突破,因此其数据量比 MPEG-I 更大,在 DVD 刻录机没有普及之前难以用于个人制作。此外,MPEG-II 的压缩数据的码流比较特殊,各种编辑软件无法随机访问,因此在进行非线性编辑时会导致素材搜索很迟缓。更为重要的是,MPEG-II 过大的编解码必须依赖强大的处理芯片。

5. DivX 和 XviD 格式

MPEG 在开始的时候建立了 4 个版本:MPEG1~MPEG4,分别适应于不同的带宽和数字影像质量的要求。DivX 和 XviD 就是一种 MPEG4 编码格式,它的原型是微软的 MPEG4 编码,只不过旧版的 MPEG4 编码不允许在 AVI 文件格式上使用,才会有 DivX 和

XviD 编码格式的出现。不过现在国内外称呼的 DivX 和 XviD 是 MPEG/MP3 影片，即影像部分以 MPEG4 格式压缩，Audio 部分以 MP3（MPEG-1 Layer 3）格式压缩组合而成的 AVI 影片。它的好处是生成的文件体积小，约为同样播放时间的 DVD 的 1/5 到 1/10，但是声音及影像的品质都相当不错，当然比 DVD 还是差一点，但比起 VCD 要好很多，也就是说，DivX 和 XviD 只要一张光盘就可以放下一个 90 分钟的电影，而且清晰度要比两张光盘的 VCD 好许多。

DivX 和 XviD 将矛头直指 DVD，它们都具备动态补偿、视觉心理智能压缩等功能，而且还可以配合字幕功能实现等同于 DVD 电影的效果。在视频采集时，DivX 和 XviD 编码对于系统性能的要求并不高，数据量的降低可以明显减轻 CPU 与磁盘系统的负担。目前 DivX 和 XviD 的编码解码器都是免费的，因此大受欢迎。

6. ASF 格式

ASF 是 Advanced Streaming format 的缩写，即高级流格式。它使用了 MPEG4 的压缩算法，所以压缩率和图像的质量都很不错。ASF 的主要优点包括：本地或网络回放、可扩充的媒体类型、部件下载以及扩展性等。ASF 应用的主要部件是 NetShow 服务器和 NetShow 播放器。有独立的编码器将媒体信息编译成 ASF 流，然后发送到 NetShow 服务器，再由 NetShow 服务器将 ASF 流发送给网络上的所有 NetShow 播放器，从而实现单路广播或多路广播。

7. WMV 格式

WMV 格式的英文全称为 Windows Media Video，也是微软推出的一种采用独立编码方式并且可以直接在网上实时观看视频节目的文件压缩格式。WMV 格式的主要优点包括：本地或网络回放、可扩充的媒体类型、部件下载、可伸缩的媒体类型、流的优先级化、多语言支持、环境独立性、丰富的流间关系以及扩展性等。

8. RM 格式

RM 格式即 Real Media 的缩写。RM 采用一种"边传边播"的方法，即先从服务器上下载一部分视频文件，形成视频流缓冲区后实时播放，同时继续下载，为接下来的播放做好准备。这种"边传边播"的方法避免了用户必须等待整个文件从 Internet 上全部下载完毕才能观看的缺点。RealMedia 可以根据网络数据传输速率的不同制定不同的压缩比率，从而实现在低速率的广域网上进行影像数据的实时传送和实时播放。

RealMedia 是最流行的网络流媒体格式之一，正是它的诞生，才使得网络视频得以广泛应用。令人惊叹的是，在用 56K Modem 拨号上网的条件下，RM 依旧可以实现不间断的视频播放。此外，RM 类似于 MPEG4，可以自行设定编码速率，而且也具备动态补偿，在 512Kbps 以上的编码速率时，RM 的画质高于 VCD。但是，在相同的编码速率下，RM 的画质还是不如 MPEG4。

9. RMVB 格式

RMVB 是一种由 RM 视频格式升级延伸出的新视频格式，它的先进之处在于 RMVB 视频格式打破了原先 RM 格式那种平均压缩采样的方式，在保证平均压缩比的基础上合理利用比特率资源，就是说静止和动作场面少的画面场景采用较低的编码速率，这样可以留出更多的带宽空间，而这些带宽会在出现快速运动的画面场景时被利用。这样在保证了静止画面质量的前提下，大幅地提高了运动图像的画面质量，从而使图像质量和文件大小之间达到了微妙的平衡。另外,相对于 DVDrip 格式,RMVB 视频也是有着较明显的优势,一部大小为 700MB 左右的 DVD 影片,如果将其转录成同样视听品质的 RMVB 格式,其个头最多也就 400MB 左右。不仅如此,这种视频格式还具有内置字幕和无须外挂插件支持等独特优点。要想播放这种视频格式,可以使用 RealOne Player 2.0、RealPlayer 8.0 或 RealVideo 9.0 以上版本的解码器形式进行播放。

10. MOV 格式

MOV 格式的英文全称是 Movie Digital Video Technology。首先,MOV 格式能够跨平台、存储空间要求小,因而得到了业界的广泛认可。无论是 Mac 的用户,还是 Windows 的用户,都可以毫无顾忌地享受 QuickTime 带来的愉悦,目前已成为数字媒体软件技术领域的事实上的工业标准。其次,QuickTime 文件格式支持 25 位彩色,支持领先的集成压缩技术,提供 150 多种视频效果,并提供 200 多种 MIDI 兼容音响和设备的声音装置。新版的 QuickTime 进一步扩展了原有功能,包含了基于 Internet 应用的关键特性,其中以 4.0 版本的压缩率最好。再次,QuickTime 是一种跨平台的软件产品,利用 QuickTime 4 播放器,我们能够很轻松地通过 Internet 观赏到以较高视频/音频质量传输的电影、电视和实况转播节目,例如,通过好莱坞影视城检索到的许多电影新片片段,都是以 QuickTime 格式存放的。

11. FLV 格式

FLV 流媒体格式是一种新的视频格式,全称为 Flash Video。由于它形成的文件极小、加载速度极快,使得网络观看视频文件成为可能,它的出现有效地解决了视频文件导入 Flash 后,使导出的 SWF 文件体积庞大,不能在网络上很好地使用等缺点,是目前增长最快、最为广泛的视频传播格式。

目前各在线视频网站均采用此视频格式,如新浪播客、56、优酷、土豆、酷 6、youtube 等。FLV 已经成为当前视频文件的主流格式。

FLV 就是随着 Flash MX 的推出发展而来的视频格式,是在 Sorenson 公司的压缩算法的基础上开发出来的。FLV 格式不仅可以轻松地导入 Flash 中,速度极快,并且能起到保护版权的作用,并且可以不通过本地的微软或者 Real 播放器来播放视频。

3.4.2 视频格式转换工具

视频编辑软件和专门的视频格式转换软件通常都可用于各种视频格式之间的转换。近几年,随着数字视频的广泛应用,专门的视频转换软件发展得非常迅速。现在在 Internet 上搜索,随便可以找到类似工具数十种之多。

"视频转换大师"是一款不错的专门的视频格式转换工具,支持转换的格式非常全面,设置界面简单易懂,非常人性化。下面将使用"视频转换大师"把 RMVB 格式转换成 MOV 格式,其操作步骤如下:

(1)打开"视频转换大师",如图 3-54 所示,工作界面上没有列出转换成 MOV 格式的功能,单击【更多】按钮,打开【请选择要转换到的格式】对话框。

(2)如图 3-55 所示,对话框中列出了可转换成的各种格式,大家可以看到,基本上包括了主流的音视频格式。这里要转换的目的格式是 MOV,所以单击 MOV 按钮,打开转换任务对话框。

图 3-54 "视频转换大师"工作界面

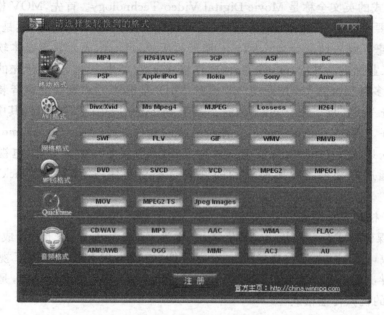

图 3-55 【请选择要转换到的格式】对话框

(3) 如图 3-56 所示,单击【源文件】域中的浏览按钮,选择要转换的视频文件;单击【输出】域中的浏览按钮,为转换完成的视频文件选择存放目录;选择【配置文件】下拉列表中的 MOV Video Normal Quality 选项。

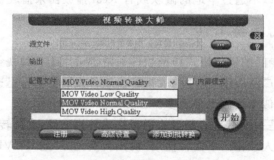

图 3-56 转换任务对话框

(4) 如果希望对输出的视频进行更为详细的设置,可以单击【高级设置】按钮,打开【高级设置】对话框,如图 3-57 所示,可以对视频的【码率】、【纵横比】、【帧速率】和【分辨率】以及音频的【码率】、【声道】、【采样率】和【音量】进行详细的设置;另外,还可以定义视频转换的【开始时间】和【结束时间】。单击【确定】按钮,完成高级设置。

图 3-57 高级设置对话框

(5) 单击转换任务对话框中的【开始】按钮,开始转换过程。

转换任务完成后,"视频转换大师"将打开【输出】目录,显示转换完成的视频文件。

值得一提的是,"视频转换大师"支持批量转换任务,可以不直接执行【开始】上面刚刚创建的任务,而单击【添加到批转换】按钮,把任务添加到【批量转换视频】对话框中,如图 3-58 所示,批量执行视频格式的转换任务。

图 3-58 【批量转换视频】对话框

除了专门的视频格式转换软件外,常用的视频编辑软件如 Vegas Video、Adobe Premiere 等,也可实现不同视频格式间的转换任务。

下面将以 Vegas Video 6 为工具,把一段 WMV 的视频转换成 RM 格式。其转换过程的操作步骤如下:

(1) 打开 Vegas Video 6,如图 3-59 所示,选择菜单命令【文件】|【新建】,打开【新建项目】对话框。

(2) 如图 3-60 所示,在对话框中,可以定义视频窗口的【宽度】、【高度】、【帧率】等。为了避免逐项定义的麻烦,可以直接选择【模板】下拉列表中的各选项,这里选择 PAL Video CD (352×288, 25.000fps)。PAL 是一种电视制式,国内就是使用 PAL 制式。如果没有找到合适的模板,那只能自己逐项进行定义。单击【确定】按钮,完成新建项目。

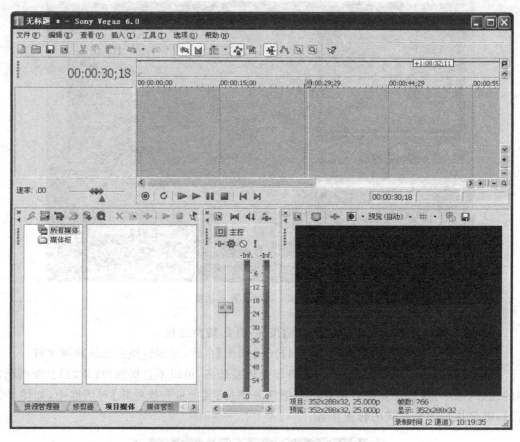

图 3-59　Vegas Video 6 工作界面

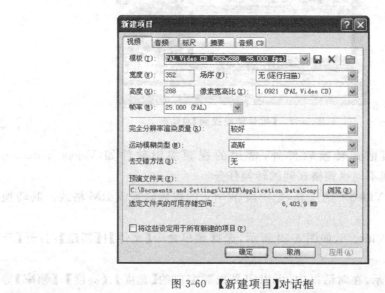

图 3-60　【新建项目】对话框

（3）选择菜单命令【文件】|【导入】|【媒体】，打开【导入】对话框，如图 3-61 所示，选择要进行格式转换的视频，并单击【打开】按钮，完成视频导入。

图 3-61 【导入】对话框

(4) 刚刚导入的视频将会显示在【项目媒体】库中,如图 3-62 所示,然后把导入的视频拖入 Vegas 的轨道中。

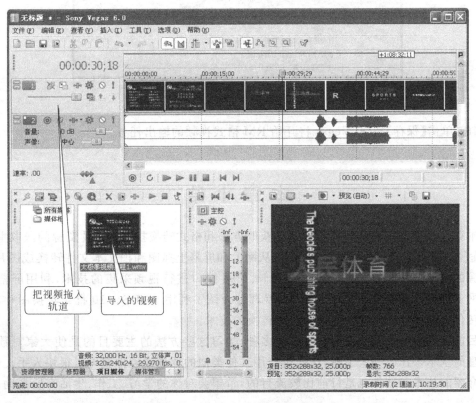

图 3-62 把导入的视频拖入轨道

(5) 选择菜单命令【文件】|【渲染为】,打开【渲染为】对话框,如图 3-63 所示,在【文件名】文本框中输入合适的文件名;在【保存类型】下拉列表中选择 RealMedia 9(*.rm)选项。如果对转换的视频有特殊要求,可以从【模板】下拉列表中选择合适的模板,或者单击【自定义模板】按钮,进行自定义。

图 3-63 【渲染为】对话框

(6) 单击【保存】按钮,Vegas 将开始 RM 格式视频的输出任务。

本 章 小 结

本章主要阐述了图片和视频资源的获取方法和格式转换技术。图片资源的获取主要有 3 种途径:从扫描仪和数码相机中导入、从网上和屏幕上抓图和把文本文件转换成图片;视频资源的获取方法介绍了利用视频采集卡、1394 接口进行视频采集的技术,利用屏幕捕获和从网上搜索下载视频的技巧;格式转换部分介绍了利用 ACDSee 10 批量转换图片、利用视频转化大师和 Vegas Video 进行视频转换的技术。

目前实现数字视频处理的软件有很多种,学习这些方法的主要目的是使大家对数字视频处理的基本操作有一些了解,这样再使用其他类似的软件或硬件就可以很快入手。当然,这里介绍的技术和软件也是目前比较流行的,希望会对你的学习、工作、生活有所帮助。

第4章 音视频资源的设计和编辑

4.1 音视频资源的设计及脚本编写

4.1.1 音视频资源的设计步骤

要想完成一部完整的音视频作品,首先需要对这部作品进行整体设计。这个设计过程应包括以下步骤:明确主题、总体设计、脚本编写、前期拍摄和素材收集、后期合成、评价修改,如图4-1所示。

表现主题是任何一部音视频作品设计、编辑和制作的最终目的,违背和偏离主题的任何努力都会变得毫无意义,因此,明确主题是音视频作品设计中最基础的环节。对于电视教学片而言,表现某一教学内容就是作品的主题,应选择学科的重点和难点。在选题上应选择用常规方法难以表现而又适合于音视频媒体表现的主题,突出媒体的优势。

总体设计是设计过程中最重要的一环,是形成作品整体思路的过程,决定了后续环节的方方面面。总体设计要围绕主题展开,应该对整体结构、内容组织顺序、内容表现形式等有所规划。对于教学片而言,要从教学设计的角度考虑,包括教学目标与教学内容的确定、学习者特征的分析、媒体信息的选择、知识结构的设计、教学策略的选择、诊断评价的设计等。

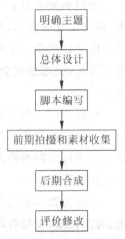

图4-1 音视频作品的设计步骤

在总体设计工作完成后,应在此基础上编写出相应的脚本,它是后续工作的依据。音视频作品的脚本分为文字脚本和分镜头脚本,文字脚本注重对教学内容的描述,分镜头脚本则注重对影视语言的描述。对于教学片来说,教学片的分镜头脚本是由教学设计人员和教学片制作人员根据学科教师编写好的文字脚本,按照教学片的要求编写而成。编写分镜头脚本主要有如下作用:体现教学片的设计思想,为教学片的制作提供直接的依据,沟通学科教师与教学片制作人员的思路。有关脚本详细的编写方法见4.1.2节。

有了脚本,接下来的工作就是进行前期拍摄和素材收集,这两项工作都是为后期合成准备素材。拍摄阶段的重要工作是根据分镜头脚本进行现场拍摄和录制,将画面内容与现场音响录制下来。素材收集也需要以脚本为依据,根据脚本的需要收集那些不需再拍摄的或无法再拍摄的素材。

素材准备好之后,就要进行后期合成。首先要根据分镜头脚本对节目进行粗编,形成节目的大体框架。然后进行精编,完成镜头组接、特技制作、字幕合成、解说、音乐、音响的加工合成,制作出符合设计思想的作品。

作品制作完成后,还要进行评价和修改。这一点对于教学片来说尤为重要。编辑出来的教学片应该在实际的教学环境中应用,只有经过教学试用,才能发现作品的不足和缺陷,进而经过修改得到完善。

4.1.2 音视频脚本的编写

在音视频节目设计、制作过程中,脚本的编写是非常重要的一个环节。音视频电视节目的脚本,一般可分为文学脚本和分镜头脚本两种。文字脚本是节目整体思想的重要体现,而分镜头脚本是节目制作的依据。以教学类节目为例,文字脚本主要是按照教学过程的先后顺序,描述每一环节的教学内容,在具体编写文字脚本时应结合课程的内容和特点来叙写。

分镜头脚本是在文学脚本的基础上运用蒙太奇思维和蒙太奇技巧进行影视语言的再创造,即根据文学脚本,参照拍摄现场实际情况,分隔场次或段落,并运用形象的手段来建构屏幕上的总体形象。虽然分镜头脚本也是用文字书写的,但它已经接近电视,已经获得某种程度上可见的、形象的效果。分镜头脚本可以说是将文字脚本转换成立体视听形象的中间媒介。

分镜头脚本的主要任务是根据文学脚本或解说词来设计相应画面,配置音乐、音响,把握节目的节奏和风格等。分镜头脚本的作用,就好比建筑大厦的蓝图,是摄影师进行拍摄,剪辑师进行后期制作的依据和蓝图,也是所有创作人员领会导演意图,理解剧本内容,进行再创作的依据。

分镜头脚本的写作方法可以从电影分镜头剧本的创作中借鉴。一般按镜头号、景别、摄法、时间长度、剪接技巧、画面内容、解说词、音乐、音响效果等内容画成表格,分项填写,如表 4-1 所示。

表 4-1 分镜头脚本格式

镜头号	摄法	景别	剪接技巧	时间长度	画面内容	解说词	音响	音乐

下面简要说明表中各项的含义。

镜头号:即镜头顺序号,按组成电视画面的镜头先后顺序,用数字标出。它可作为某一镜头的代号。拍摄时不一定按次顺序号拍摄,但编辑时必须按顺序编辑。

摄法:指摄像机拍摄时镜头的技巧,如固定镜头、推、拉、摇、移、跟等。

景别:根据内容情节要求,反映对象的整体或突出局部。一般有远景、全景、中景、近景、特写等。

剪接技巧:指后期编辑时,多个镜头画面的组接技巧,如切换、淡入淡出、叠化等。

时间长度:指镜头画面的时间,表明该镜头的长短,一般时间是以秒标明。

画面内容:以文字描述形式阐述所拍摄的具体画面。

解说词：指对应某一组镜头的解说词，应注意解说词与画面密切配合，协调一致。

音响：指在相应的镜头上表明使用的效果声或音响效果。

音乐：指对应相应镜头需使用的音乐，一般用来做情绪上的补充和深化，增强表现力。

需要说明的是，这里提供的是分镜头脚本的一般格式，在实际应用中，我们可以根据需要选择所需的项目，不必拘泥于此种形式。例如：表4-2中提供的是一种简单的分镜头稿本，只包括序号、画面和解说词3个内容，适用于节目形式比较简单的情况；表4-3中提供的分镜头稿本就比较细，包括镜头号、景别及摄法、画面内容、解说词、时间、音乐等内容。

表4-2 分镜头稿本实例1

序号	画面	解说词
01	字幕：巧学拼音——读儿歌、编顺口溜学拼音 主持人人像	儿歌读起来朗朗上口，记起来印象深刻，为孩子所喜爱。很多优秀的一线教师，将教材的重、难点编成朗朗上口的儿歌或顺口溜、口诀让同学们吟诵，既可以帮助同学们读准字母的音，记忆字母的形，又突出了拼音教学的重点，解决了难点。下面是一些优秀教师在教学过程中自编的一些儿歌和顺口溜：
02	动画	"张大嘴巴ａａａ，拢圆嘴巴ｏｏｏ，嘴巴扁小ｅｅｅ。" "汽车平走āāā，汽车上坡ááá，汽车下坡又上坡ǎǎǎ，汽车下坡ààà。" 这些是教师根据a、o、e的发音方法和四声的读法编成的顺口溜，以帮助同学们记忆。
03	动画	"右下半圆ｂｂｂ，左下半圆ｄｄｄ；右上半圆ｐｐｐ，左上半圆ｑｑｑ；单门n，双门m；拐棍f，伞把t；q下带钩ｇｇｇ。" 这些是教师为了帮助同学们区别形状比较相似、容易混淆的声母而编成的顺口溜。
04	字幕： 拼音口诀： "前音（声母）轻短后音（韵母）重，两音相连猛一碰" "三拼音，要记牢，中间介音别丢掉"	学习ｂｐｍｆ是学习拼音方法的起始课。可利用"前音（声母）轻短后音（韵母）重，两音相连猛一碰"的口诀，帮助同学们掌握两拼音的方法。 在学三拼音时，可将三拼音的拼音要领编成口诀"三拼音，要记牢，中间介音别丢掉"，帮助同学们领会拼音方法。
05	动画	声母j、q、x与ü相拼以及y与ü组成音节时，ü上两点省写规则是拼音学习学中的难点。可利用下面的口诀帮助记忆规则： "j、q、x真淘气，从不和u在一起，它们和ü来相拼，见面帽子就摘去。" "小ü很骄傲，眼睛往上瞧，大y帮助它，摘掉骄傲帽。"
06	动画	在学习鼻韵母时，也可以通过念儿歌帮助同学们区别前鼻韵母与后鼻韵母。例如："鼻韵母，不难学，前后鼻音分准确。前鼻韵母有5个，an、en、in、un、ün；后鼻韵母是4个，ang、eng、ing和ong。"

表 4-3 分镜头稿本实例 2

镜头号	景别及摄法	画面内容	解说词	时间	音乐
01	固定拍摄＋中景	主持人人像＋字幕 字幕：巧学拼音——读儿歌、编顺口溜学拼音	儿歌读起来朗朗上口，记起来印象深刻，为孩子所喜爱。很多优秀的一线教师……	2分钟	轻柔的背景音乐
02	特写	动画：张大嘴巴发 a 音	张大嘴巴 a a a，	5秒	同上
03	特写	动画：拢圆嘴巴发 o 音	拢圆嘴巴 o o o，	5秒	同上
04	特写	动画：嘴巴扁小发 e 音	嘴巴扁小 e e e。	5秒	同上
……					同上
09	特写	重复前面的动画	这些是教师根据 a、o、e 的发音方法和四声的读法编成的顺口溜，以帮助同学们记忆。	15秒	同上
……					同上

4.2 音视频混合编辑 Vegas Pro

要完成一个完整的音视频作品需要许多环节，包括总体设计、脚本编写、前期拍摄和素材收集、后期合成、评价修改等。后期合成就是要将拍摄和搜集的素材，按照脚本顺序编辑在一起，配上解说、音乐，最终形成一个完整的作品。后期合成的过程需要借助音视频编辑软件来完成。

目前各种音视频编辑软件很多，包括绘声绘影、Adobe Premiere、Windows Movie Maker、Sony Vegas 等，这些软件功能各异、各具特色。其中 Sony Vegas 以其功能强大、操作简便的特点受到青睐。相比 Adobe Premiere，它要求的硬件配置较低，可以编辑长达 1 小时以上的音视频文件。这里先来介绍 Sony Vegas Pro 8.0。

4.2.1 Vegas Pro 窗口介绍

首先在计算机中安装 Vegas Pro 8.0，安装后运行该程序，将出现如图 4-2 所示的画面，从图中可以看到窗口的各个组成部分。

菜单栏：包括文件、编辑、查看、插入、工具、选项和帮助菜单，Vegas Pro 8.0 的主要功能在这里都可以找到，单击各菜单可以选择相关功能。

常用工具栏：列出了该软件的常用工具，单击这些按钮可以方便、快捷地进行操作。

综合功能区：在此区域可以选择不同的功能选项，包括资源管理器、修剪器、项目媒体、媒体管理器、转场特效、视频特效、媒体发生器等，各部分的功能在后面会酌情介绍。

音频主控区：该区域主要包括调节音量、音频电平显示、项目音频属性设置等功能。

预览窗口：在该窗口中可以预览时间线上播放的音视频文件的信息。

时间线编辑区：在该区域内可以对音视频文件进行编辑、播放等操作。

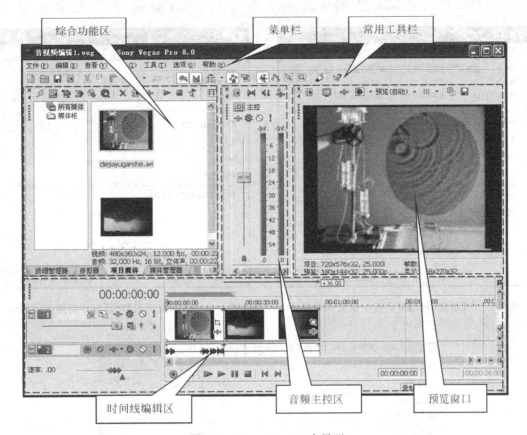

图 4-2 Vegas Pro 8.0 主界面

4.2.2 Vegas Pro 视频编辑基本流程

1. 创建新文件

在【文件】菜单中单击【新建】命令,会出现【新建项目】对话框,在该对话框中,可以设置新文件的属性,包括视频、音频、标尺、摘要、音频 CD 等选项,如图 4-3 所示。在【视频】选项中,单击模板下拉菜单,可以选择系统提供的视频模板,也可以自定义模板。模板反映了视频文件的宽度、高度、帧率、像素宽高比等基本属性。

同样,单击【音频】选项可以设置取样频率、比特深度、采样与变速质量等音频属性。如图 4-4 所示。如果需要,还可以设置标尺、摘要、音频 CD 等属性。属性设置完成后,单击【确定】按钮退出。

2. 获取素材

Vegas Pro 8.0 提供了多种获取素材的途径,例如:通过导入获取多种形式的媒体文件;通过采集视频获取视频;通过扫描获取图片;通过从 CD 上抓取音频获取音频等。这里主要介绍通过导入,获取媒体文件的方法。

在【文件】菜单中选中【导入】命令,会出现下一级菜单,这里提供了多种媒体文件的导入途径,如图 4-5 所示。通过【媒体】可导入多种形式的媒体文件,通过 AAF 可获取 *.aaf 的视频文件,通过【广播级 Wave】可获取 *.wav 格式的音频文件,还可以通过不同的途径获取媒体文件,如从 DVD 摄录机光盘、硬盘记录单元、录制存储器和 AVCHD 摄像机等。

图 4-3 在【新建项目】对话框中设置视频属性

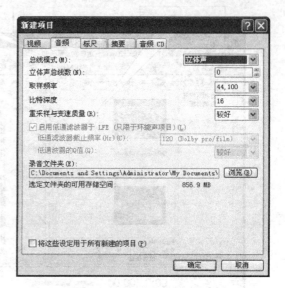
图 4-4 在【新建项目】对话框中设置音频属性

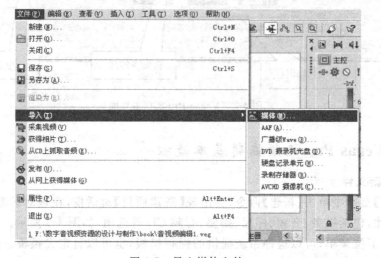
图 4-5 导入媒体文件

单击【媒体】,会出现【导入】对话框,如图 4-6 所示。在该对话框中,寻找合适的路径及文件夹,找到需导入的媒体文件,单击【打开】按钮确定导入,这样一个媒体文件就被导入到媒体柜中。通过此种方式可以导入多种媒体文件,包括图片、音频、视频、Flash 动画等。

3. 剪裁素材

一般情况,导入的素材还需要简单编辑后再拖入时间线上进行精编,这个过程可以利用修剪器来完成。具体操作步骤如下:

(1) 在综合功能区单击【项目媒体】,选中需要修剪的素材,右击,在弹出的快捷菜单中选取【在修剪器中打开】命令,这样就可以将素材载入到修剪器中。

(2) 在【修剪器】中,素材画面的显示有两种方式,如图 4-7 所示。单击窗口右上侧【显示视频监视器】按钮 ,可以改变视频的显示方式,这里选择第二种显示方式。

图 4-6 【导入】对话框

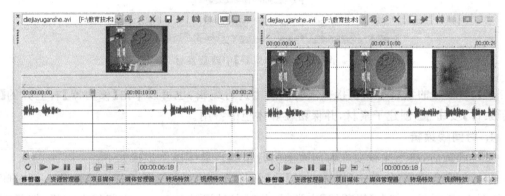

图 4-7 【修剪器】中的素材显示方式

（3）此时在素材时间线上，有一根竖线在闪烁，这就是指示当前位置的标记。把鼠标移动到该标记上，鼠标会变成带双向箭头的光标，按住鼠标左键拖动竖线左右快速移动，可以快速浏览素材，这时预览窗口中会实时显示竖线所在位置的图像，如图 4-8 所示。

（4）拖动【修剪器】窗口下方的滚动条，或单击右下方加、减号，都可以放大和缩小窗口中显示的素材。当放到最大时，窗口中会显示每一帧的画面内容，便于直观地查找需要的画面。

（5）在找到需要的画面入点后，按下 I 键，再找到画面出点，按下 O 键，这样就完成了一段画面的选取。被选中的区域会变为蓝灰色，在素材上方的时间标尺上，也会出现两个黄色三角，框住了选定区域。可以用鼠标拖动这个黄色三角，改变入点和出点位置，如图 4-9 所示。当然也可以用鼠标在素材上直接拖拉划出选择区域，但这样做不太精确。如果选区存在，素材却不是蓝灰色，可以用鼠标双击两个黄色三角框住的灰色区域，蓝灰色选区就会再次出现。

第4章 音视频资源的设计和编辑

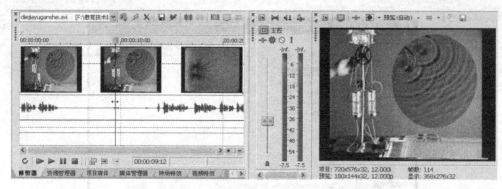

图 4-8　在【修剪器】中快速浏览素材

图 4-9　在【修剪器】中剪裁素材

（6）剪裁好的素材可以直接拖入时间线上进行编辑，也可以单击【修剪器】右上方的【创建子素材】按钮 创建子素材，并保留在媒体柜中备用。

4．时间线编辑

素材剪裁后，接下来就要在时间线上进行精编。具体操作步骤如下：

（1）在综合功能区，单击【媒体项目】选项，将导入的视频文件按需要依次拖入到时间线上，如图 4-10 所示。与在【修剪器】中类似，此时在时间线上会有一根竖线在闪烁，把鼠标移动到该竖线上并拖动，可以快速浏览画面，这时预览窗口中会实时显示竖线所在位置的图像。窗口下部提供有控制条，可以控制时间线上音视频的播放、暂停、停止、循环等操作。

注意： Vegas 软件刚启动时，在时间线编辑区是看不到任何轨道的。用鼠标将素材拖到时间线编辑窗口的暗灰色区域，或者双击需要的素材，系统就会马上建立相应的轨道。

（2）在时间线编辑区内，如果需要，可以改变各段素材的顺序。单击选中需要移动的素材，此时该段落会变成蓝色，按住鼠标左键并拖动，将其移至所需位置即可。

（3）在时间线编辑区内，如果需要，可以删除某段素材。单击选中需要删除的素材，按 Delete 键即可。

（4）有些情况下，可能需要对添加到时间线上的素材进行剪切，然后再处理。单击选中需要剪切的素材，找到剪切点，单击键盘上的 S 键，或在菜单栏内选择【编辑】|【分割】命令，一段素材就被分割开来，如图 4-11 所示。

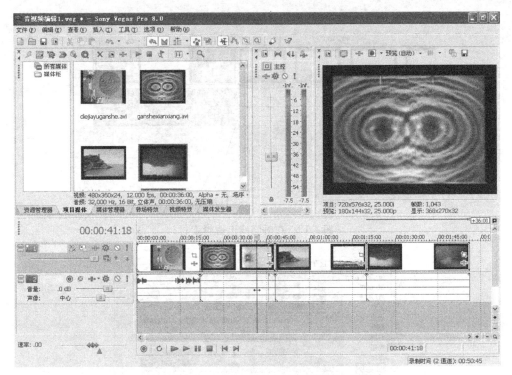

图 4-10　在时间线上添加素材并浏览图像

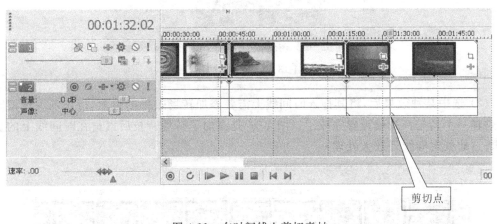

图 4-11　在时间线上剪切素材

（5）有些情况下，还需要对添加到时间线上的素材进行编辑。把鼠标移到素材的开始点或结束点，鼠标会变成 形状，如图 4-12 所示。此时按住鼠标左键进行拖曳，素材就会相应地改变长度，选择合适位置后，松开鼠标即可完成剪辑。

5．添加转场特技

有些情况下，还需要在两段视频间添加转场特技，以达到某种视觉效果。具体操作如下：

（1）在综合功能区，选择【转场特效】选项，进入【转场特效】窗口，如图 4-13 所示。这时该窗口内的左侧会显示各类转场效果的目录，单击某一效果，窗口右侧会显示相应的转场图案。

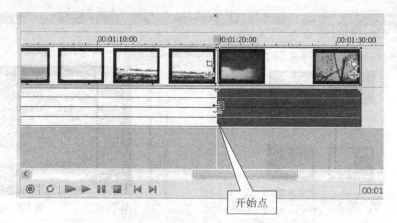

图 4-12　在时间线上剪辑素材

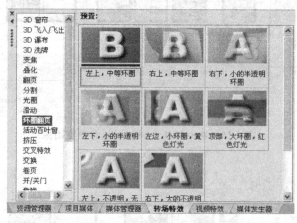

图 4-13　【转场特效】窗口

（2）选中某种效果后，将其拖入时间线上需要添加转场效果的位置，待出现标记时松开，这样一个转场特技就设置完成了。图 4-14 是添加了转场特技后素材在时间线上的显示效果。（此处时间线经放大处理）

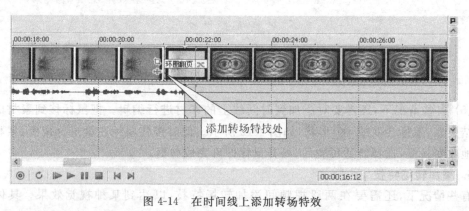

图 4-14　在时间线上添加转场特效

（3）同时，会出现【转场特效】窗口，如图 4-15 所示。在该窗口中，可设置相关的属性。对不同的转场效果，属性设置中的参数会不同。属性设置完成，要注意保存。

(4) 在时间线上,用鼠标左键单击特技起始位置,确定播放起点。单击播放按钮,在预览窗口就会显示添加了转场特技的效果,如图 4-16 所示。

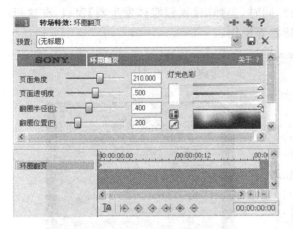

图 4-15 【转场特效】参数设置

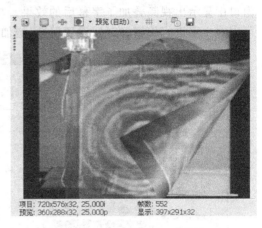

图 4-16 转场特效的视觉效果

6. 添加字幕

字幕在一个音视频节目中是必不可少的,字幕出现形式多种多样,例如:可以在片头添加带背景的字幕、在视频片段上添加说明字幕、在片尾添加滚动字幕等。具体操作如下:

(1) 先来在视频片段上添加一个字幕。在时间线上空白处单击鼠标右键,选择【插入视频轨道】,这样在时间线上就增加了一个视频轨道。在综合功能区,选择【媒体发生器】,在出现的对话框左侧选择【文字】,此时右侧会出现预置的各种文字效果,如图 4-17 所示。

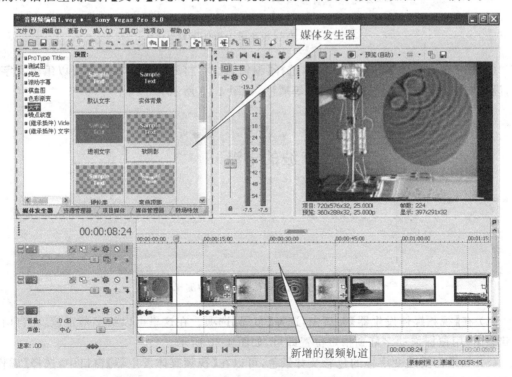

图 4-17 在视频片段上添加字幕 1

第 4 章 音视频资源的设计和编辑

（2）在列出的文字效果中，选择背景为灰白格的一种文字效果（此种为背景透明效果），并将其拖入新轨道中的合适位置，如图4-18所示。此时，时间线上增加了字幕的图标，预览窗口中显示出视频叠加了字幕后的效果。与此同时，会弹出【视频媒体发生器】窗口，在这里可以对文字进行编辑、布局、设置属性、增加特效等操作。

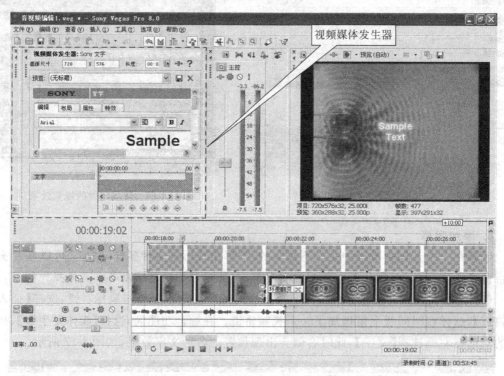

图4-18　在视频片段上添加字幕2

（3）在【视频媒体发生器】窗口中，选择【编辑】选项，打开窗口。在这里可以编辑文字内容，设置文字的字体、字号、加重、斜体等属性，如图4-19所示。

图4-19　在【视频媒体发生器】中编辑字幕

（4）在【视频媒体发生器】窗口中，选择【布局】选项。在这里可以给字幕定位，在自由定位状态下，用鼠标拖动字幕到指定位置即可，如图4-20所示。

（5）如果需要改变字幕的色彩及背景色，可以在【视频媒体发生器】窗口中，选择【属性】选项。在这里可以设置文字色彩、背景色、字间距、行间距等属性，如图4-21所示。

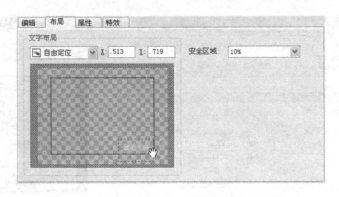

图 4-20　在【视频媒体发生器】中设置字幕位置

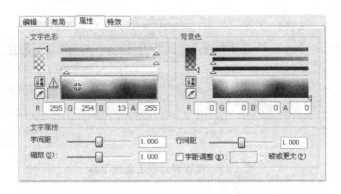

图 4-21　在【视频媒体发生器】中设置字幕色彩

（6）在【特技】选项中，还可以设置字的轮廓、阴影、变形等效果，如图 4-22 所示。

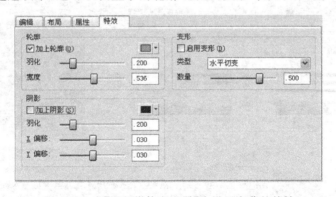

图 4-22　在【视频媒体发生器】中设置字幕的特效

（7）设置完成后，在时间线上调整字幕的长度和位置，在预览窗口中可以看到字幕的效果，如图 4-23 所示。

（8）经常会遇到在片头或段落处，添加带有背景的字幕的情况。在综合功能区打开【媒体发生器】选项，在窗口右侧选择一种带有背景的文字效果，将其拖入时间线上的起点位置。依照前面所述步骤，编辑文字内容，设置文字属性、色彩、特效等参数，完成片头字幕，如图 4-24 所示。

数字音视频资源的设计与制作

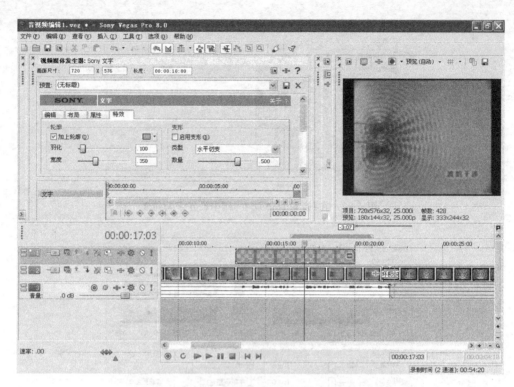

图 4-23　在视频片段上添加字幕

图 4-24　在时间线上添加片头字幕

注意：如果综合功能区内没有【媒体发生器】选项，那么选择菜单栏中的【查看】|【媒体发生器】命令即可。

（9）将鼠标移至片头字幕的尾部，光标变为形状，按住鼠标调整片头字幕的长度。在常用工具栏中，选择【选择编辑工具】按钮并将鼠标移至时间线上，此时光标变为形状。用鼠标在时间线上选择需要移动的视频区域，按住鼠标向后移动至片头字幕结尾处。这样就完成了一个片头字幕的制作，如图4-25所示。

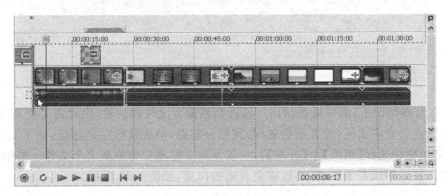

图4-25　在时间线上添加片头字幕

注意：若要使鼠标的光标恢复成原来状态，在常用工具栏中选择【标准编辑工具】按钮即可。

7．添加音乐和解说

视频编辑完成后，还需要配上音乐和解说词。有些情况下，解说词也可以作为基准先导入，然后依据解说词再进行视频编辑。添加解说词和背景音乐的操作步骤如下：

（1）如果不需要导入素材中原有的声音信息，可以先将其删除。在常用工具栏中选择【选择编辑工具】按钮，在时间线上选中所有音视频文件，单击鼠标右键，在下拉菜单中选择【分组】|【建立新分组】。在常用工具栏中选择【标准编辑工具】按钮，单击任意一个段落，可以看到音视频文件被分开，如图4-26所示。单击音频段落，按键盘上的Del键就可删除音频文件。

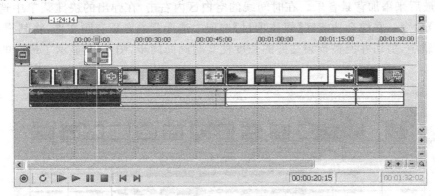

图4-26　在时间线上将音视频文件分开

（2）在综合功能区【媒体项目】选项中选择解说词音频文件，将其拖入时间线音轨中，如图4-27所示。

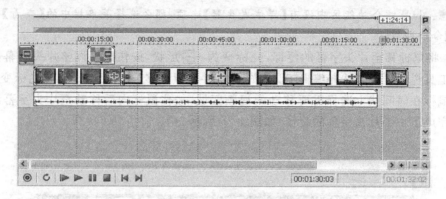

图 4-27　在时间线上添加音频文件

（3）在有些情况下，需要根据画面一段段调整配音文件的位置，因此需要将解说词做分割。单击引入的音频文件，使其颜色变深，找到分割点，单击鼠标左键定位，按下键盘上的 S 键（或在菜单栏中选择【编辑】|【分割】），一段音频文件就被分割成两个文件。根据需要，可以将音频文件分割成若干段落，然后移至合适的位置，如图 4-28 所示。

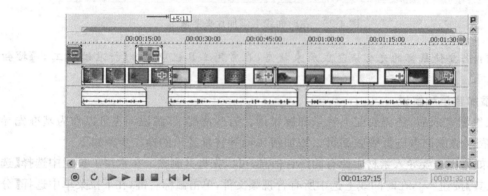

图 4-28　在时间线上分割音频文件

（4）最后来添加背景音乐。在时间线的空白区内右击，在弹出的快捷菜单中选择【插入音频轨道】命令。在综合功能区【媒体项目】选项中选择背景音乐音频文件，将其拖入时间线新建音频轨中，剪切并调整音频文件的长度使其与画面同步，图 4-29 显示了最终的效果。

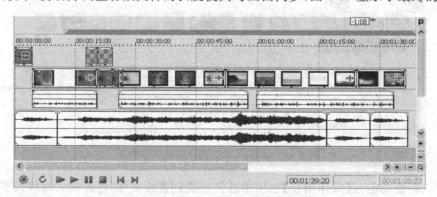

图 4-29　在时间线上编辑音频文件

4.3 音视频混合编辑 Premiere Pro

相比 Sony Vegas Pro 软件，Premiere Pro 是一款创新的非线性视频编辑软件，更具专业性，同时它也是一个功能强大的实时音视频编辑工具，可以精确控制作品的每个细节。对于一般的音视频编辑，我们可以通过 Sony Vegas Pro 软件实现，而对于较复杂的、细节要求更精准的音视频编辑，建议采用 Premiere Pro 软件来完成。下面我们就来介绍 Premiere Pro 这款软件的主要功能。

4.3.1 Premiere Pro 窗口介绍

首先在计算机中安装 Premiere Pro 2.0 中文版，安装后运行该程序，在欢迎界面中选择【新建项目】，此时会出现如图 4-30 所示的【载入预置】选项卡。在左侧的【有效预置模式】区域内，显示了一些预先设置好的模式，如 DV-24P、DV-NTSC、DV-PAL、JVC ProHD 等，对应不同的模式，在【描述】区域内显示了画幅大小、帧速率、像素纵横比、视频格式、音频码率等参数。选择其中的一种设置，Premiere 将按照此种设置编辑生成最终的视频影片。如果需要，也可以选择【自定义设置】选项卡，自行设定参数。

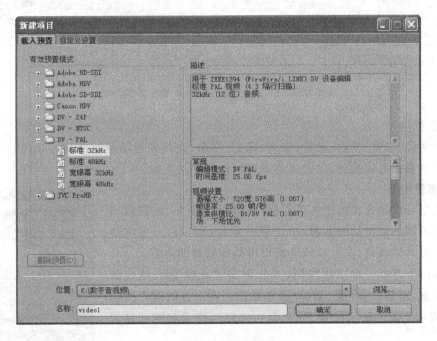

图 4-30 【载入设置】选项卡

在【有效预置模式】区域内选择 DV-PAL/标准 32kHz，单击【浏览】按钮，选择文件的存放位置，在【名称】对话框中输入文件名称，最后单击【确定】按钮确认，系统会弹出 Premiere Pro 2.0 的主窗口。为了方便大家学习，这里单击菜单栏中的【文件】|【打开】命令，打开 video1 文件。此时主窗口如图 4-31 所示，从图中可以看到窗口的各个组成部分。

数字音视频资源的设计与制作

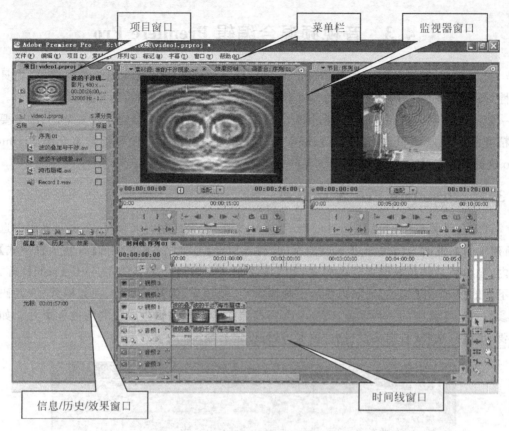

图 4-31　Premiere Pro 2.0 的主界面

1. 菜单栏

包括文件、编辑、项目、素材、序列、标记、字幕、窗口和帮助菜单，Premiere Pro 2.0 的主要功能在这里都可以找到，单击各菜单可以选择相关功能。

2. 项目窗口

在这里可以导入和预览各种素材，如图 4-32 所示，在该窗口下方显示了该项目包括的素材，单击某一素材，窗口右上方将显示该素材的具体信息，左上方预览窗口可播放素材的内容。

该窗口下方有一排功能按钮，可分别实现查找 、创建新文件夹 、新建分类 、清除 等操作。左下方的两个按钮 表示不同的显示模式，分别为列表显示模式和图标显示模式。

3. 时间线窗口

该窗口的主要功能是进行素材编辑工作。如图 4-33 所示，该窗口由若干视频轨道、音频轨道和其他组件组成。音、视频轨道用于放置音、视频片段，时间轴从左到右表示时间的延伸，光标线用于指示影片的当前位置。

图 4-32　【项目】窗口

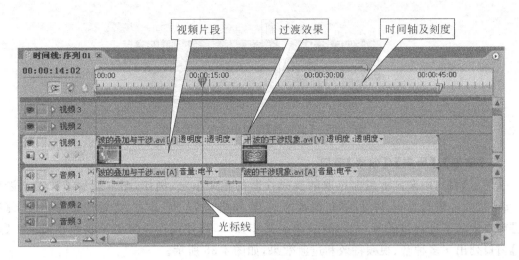

图 4-33 【时间线】窗口

在该窗口中,每段素材以图标的方式在时间轴上显示其位置、开始时间、结束时间、持续时间及与其他素材的关系等状态。编辑影片时,将素材一段段拖到时间线上,根据脚本需要对这些素材片段进行排列、编辑、连接,最终可实现成片的编辑。具体操作参见后面的详细讲解。

4. 监视器窗口

该窗口分为两个部分,左边是源窗口,右边是预览节目内容的窗口,如图 4-34 所示。双击【项目】窗口中的素材,在【监视器】左边窗口中会显示素材的内容,在此可对素材进行简单编辑;拖动【时间线】窗口中的光标线,在【监视器】右边窗口中会显示时间线上的内容。另外在【监视器】左边窗口中,还提供了效果控制和调音台功能。

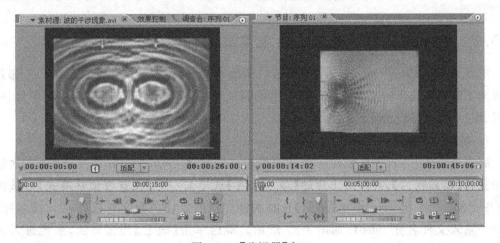

图 4-34 【监视器】窗口

在【监视器】窗口的下部有一个控制工具栏,该工具栏由时间线、入出点设定区、播放控制区和其他功能按钮组成。时间线代表该段视频节目的长度,其中的光标表示视频播放的当前位置。播放控制区可以控制画面的停止、播放、单步前进、单步后退、微调等操作。入出点设定区可以完成入点、出点位置设置及到入出点的跳转等操作,如图 4-35 所示。

第4章 音视频资源的设计和编辑

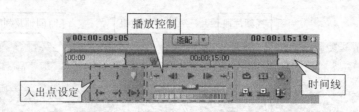

图 4-35 【监视器】窗口中的控制工具栏

5.【信息】/【历史】/【效果】窗口

【信息】窗口用来显示当前选取的视频片断的相关信息,例如,图中显示了波的干涉现象.avi 视频片段的类型、持续时间、视频格式、音频格式、入点、出点、光标位置等信息。【历史】窗口记录了进行过的每一步操作,单击某步操作,可使操作恢复到该步操作之前。【效果】窗口列出了多种音、视频特效和过渡效果,如图 4-36 所示。

图 4-36 【信息】/【历史】/【效果】窗口

4.3.2 Premiere Pro 视频编辑基本流程

前面介绍了 Premiere Pro 2.0 工作窗口的基本情况,在本节中将通过制作一个影片的过程来了解视频编辑的基本流程。视频编辑的过程一般包括以下步骤:创建新项目、导入素材、编辑素材、编辑影片、预览和输出。

1. 创建一个新项目

制作一个影片,首先要创建一个新项目。首先启动 Premiere Pro 2.0 软件,在欢迎界面中选择【新建项目】,在随后出现的【载入预置】选项卡左侧的【有效预置模式】区域内选择 DV-PAL/标准 32kHz,单击【浏览】选择文件存放位置"E:\数字音视频\",在【名称】文本框中输入文件名称 video1,如图 4-37 所示。最后单击【确定】按钮确认,系统进入工作界面。

如果需要在工作界面再创建新项目,可通过在菜单栏内选择【文件】|【新建】|【项目】命令来实现。

如果要打开一个已经存在的项目,可在菜单栏内选择【文件】|【打开项目】命令,然后选择路径,打开相应的文件。

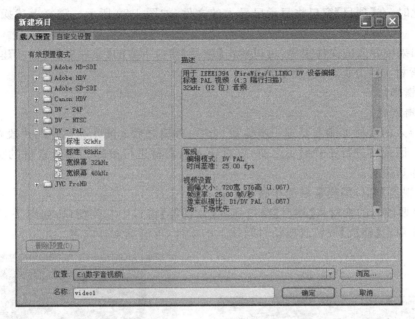

图 4-37 在【载入预置】选项卡中建立新项目

2. 导入素材

新项目建立后,接下来就是要将各种素材导入以备编辑使用。Premiere Pro 2.0 可以导入视频文件(MPEG、AVI 等格式)、音频文件(WMV、MP3 等格式),也可以导入图像文件(BMP、TIFF 等格式)。具体操作步骤如下:

(1) 在菜单栏内选择【文件】|【导入】命令,会弹出【导入】对话框。如图 4-38 所示,在该对话框中选择合适的路径和文件夹,打开要导入的文件。

图 4-38 【导入】对话框

第4章 音视频资源的设计和编辑

(2) 此时,在【项目】窗口将显示已导入的文件,如图 4-39 所示。重复上述操作,可导入多个文件。

(3) 如果要导入的文件很多,可以单击【项目】窗口下方的【文件夹】图标新建文件夹,以便将这些素材文件分类存放,便于管理。

3. 编辑影片

1) 编辑素材

一般导入的素材可能需要进一步剪裁、合并、编辑之后才能作为影片的片段在时间线上进行编辑。因此在进行正式编辑之前,应对导入的素材进行编辑。编辑素材的操作可以在【监视器】窗口进行。

在【监视器】窗口编辑素材的步骤如下:

(1) 将要编辑的素材从【项目】窗口拖入【监视器】窗口中左侧窗口,如图 4-40 所示。在左侧窗口中单击【播放】按钮或拖动时间线上的指针,可浏览素材内容。

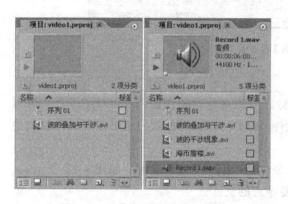

图 4-39 在【项目】窗口导入文件

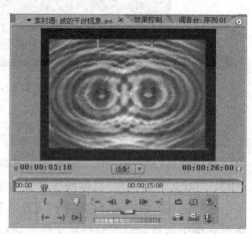

图 4-40 将素材拖入【监视器】窗口

(2) 如果需要在现有素材中选取一段素材使用,可以通过设定新的入点、出点的方法实现。拖动指针到需要画面的起始位置,单击【设置入点】图标,确定新的入点;拖动指针到需要画面的终止位置,单击【设置出点】图标,确定新的出点;这样就完成了一段素材的简单编辑,如图 4-41 所示。编辑好的素材可以直接拖入时间线上使用。

(3) 也可以单击窗口下方的 图标,这段编辑好的素材就会以插入的方式插入到时间线上光标线位置处,如图 4-42 所示。若单击【监视器】窗口下方的 图标,这段编辑好的素材就会以覆盖的方式插入到时间线上光标线位置处,光标线后面的素材会被覆盖。

2) 剪辑影片

素材准备好后,就可以在【时间线】窗口中对这些素材进行剪辑、编辑了。在【时间线】窗口可以进行很多复杂的编辑,这里先介绍切换编辑。切换编辑的过程就是将多个片段在一个轨道上首尾相接排列,其步骤如下:

(1) 将编辑好的素材"波的干涉现象.avi"从【监视器】窗口的左窗口中拖入到【时间线】窗口中的视频 1 轨道上。

(2) 假设"波的叠加与干涉.avi"素材不用编辑,可以直接将其从【项目】窗口拖入到【时间线】窗口中的视频 1 轨道上紧邻"波的干涉现象.avi"片段的位置。

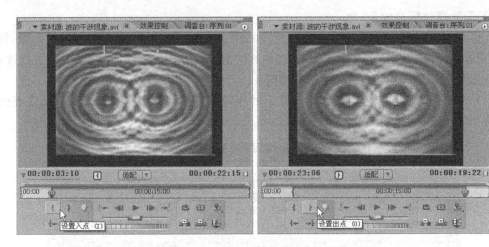

图 4-41　在【监视器】窗口编辑素材

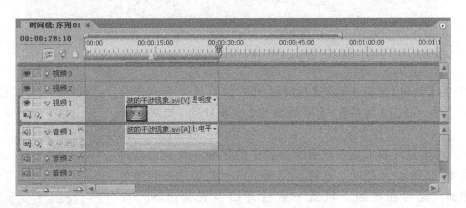

图 4-42　将素材引入【时间线】窗口

（3）假设"海市蜃楼.avi"素材不用编辑,可以直接将其从【项目】窗口拖入到【时间线】窗口中的视频 1 轨道上紧邻"波的叠加与干涉.avi"片段的位置。

（4）这样,3 个片段就连接起来了,如图 4-43 所示。拖动时间线窗口中最下方的滚动条,可以浏览到所有片段。

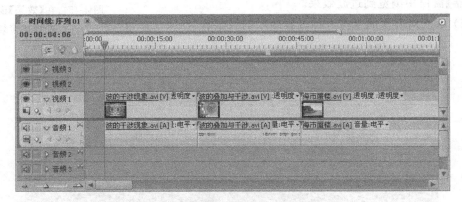

图 4-43　在时间线上进行切换编辑的效果

3）设置视频转换效果

在影片编辑过程中，切换方式只是各片段之间连接的一种方式，还有很多转换效果，例如溶解、划像、飞入、飞出等，这些转换效果可使内容的衔接不至于生硬，还能增强影片的视觉效果。

在影片编辑中添加过渡效果的步骤如下：

（1）将上述 3 段素材依次引入时间线上的视频 1、视频 2、视频 3 轨道，并根据需要使其相互有一定的交叉，如图 4-44 所示。

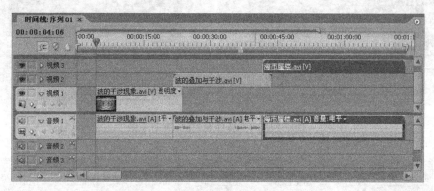

图 4-44　在时间线上引入素材

（2）在【效果】窗口中选择【视频过渡效果】，系统会列出多种过渡效果。选择【划像】|【星形划像】过渡效果，如图 4-45 所示。

（3）将该过渡效果拖入时间线窗口中的视频 2 轨道中素材开始位置，如图 4-46 所示。这样就完成了两个片段之间转换效果的添加。此时在视频 2 轨道中素材开始位置会出现一个图标。

（4）双击这个图标，在【监视器】窗口中会弹出【效果控制】选项，如图 4-47 所示。在这里，通过拖动光标线可以在右侧窗口浏览过渡效果；将鼠标移至图标的结束处，按住鼠标左键拖动，可改变过渡的时间。同样，在【时间线】窗口中拖动光标线，也可以在【监视器】窗口中浏览到过渡效果。

图 4-45　在【效果】窗口中选择过渡效果

（5）依次对后面的素材进行过渡效果的设定。

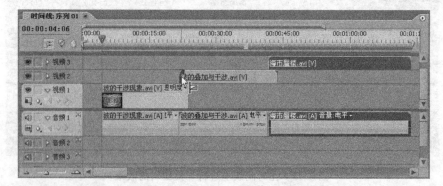

图 4-46　在时间线上添加过渡效果

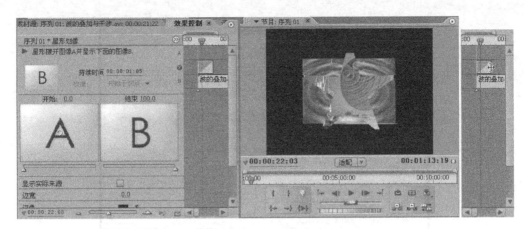

图 4-47　在【效果控制】选项中设置转换效果

4. 输出影片

在【时间线】窗口中编辑的影片是 PPJ 格式，只能在 Premiere 中播放。要想在其他播放软件中播放，需要将 PPJ 格式文件输出成 AVI、MPEG 等流行格式。具体操作步骤如下：

（1）对于编辑好的影片，有时只需要输出其中的一段，这就需要先设置输出范围。在【时间线】窗口中时间轴下边有一条工具条，左右两边分别有两个图标，两个图标之间的区域就代表了输出范围。调整左右图标，可改变影片的输出范围，如图 4-48 所示。

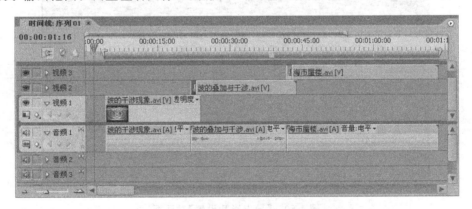

图 4-48　在【时间线】窗口中设置输出范围

（2）在菜单栏内选择【文件】|【导出】|【影片】命令，会弹出【导出影片】对话框，在该对话框中，选择合适的路径并输入文件名以保存文件，如图 4-49 所示。

（3）在该对话框中单击【设置】按钮，会弹出【导出影片设置】对话框，如图 4-50 所示。在这里可以进行常规、视频、音频等参数的设置。

（4）设置完成后，单击【确定】按钮确认，关闭该对话框。在【导出影片】对话框中，单击【保存】按钮，此时系统开始按设置的输出范围生成文件，如图 4-51 所示。这样，一个完整的影片就制作完成了。

图 4-49 【导出影片】对话框

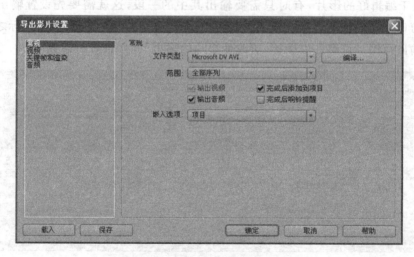

图 4-50 【导出影片设置】对话框

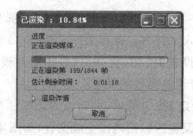

图 4-51 输出影片的过程

4.3.3 使用时间线编辑

【时间线】窗口是进行视频编辑的主要窗口,在该窗口内可以完成影片的组装、编辑。

1.【时间线】窗口的基本设置

1) 设置轨道

Premiere Pro 2.0 轨道的初始状态包括了 3 个音频轨道和 3 个视频轨道。在影片制作过程中,有时会遇到更复杂的情况,需要更多的音、视频轨道。具体操作如下:如图 4-52 所示,在时间线的左侧单击鼠标右键,在出现的下拉菜单中选择【添加轨道】,会出现【添加视音轨】对话框。在该对话框中,可设置添加视频轨、音频轨、音频混合轨以及添加的数量和放置的位置等参数。设置完成后,单击【确定】按钮确认,轨道就会添加到时间线上。

2) 设定显示风格

在 Premiere Pro 2.0 中,时间线上视频素材的显示方式有很多种,单击【时间线】窗口左侧视频轨上的【设定显示风格】图标 ,会出现如图 4-53 所示的下拉菜单,这里列出了 4 种显示风格,包括【显示头和尾】、【仅显示开头】、【显示全部帧】、【仅显示名称】。选择其中一种,时间线上的视频素材将以此风格显示。同理,单击音频轨上的【设定显示风格】图标 ,可选择【显示波形】和【只显示名称】。

图 4-52 【添加视音轨】对话框

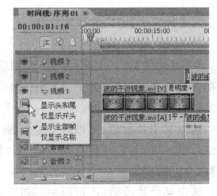

图 4-53 设定显示风格

注意:如果轨道没有展开,可能看不到【设定显示风格】图标,此时需单击轨道上的 ▷ 图标,展开轨道。

3) 设置时间轴的时间单位

对于较长的影片,经常会调整时间轴上时间单位的间隔。当需要看时间线的整体效果时,一般将时间单位设置长一些;需要看细部镜头时,将时间单位设置短一些。在【时间线】窗口,时间单位的设置是通过该窗口左下角的 滑动条来进行的。将滑块向左拖动,时间单位变长,可看到的素材片段变多;将滑块向右拖动,时间单位变短,可看到的素材片段变少,但细部更清楚,如图 4-54 所示。

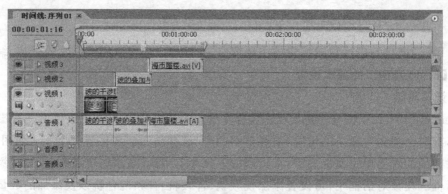

图 4-54　设置时间轴的时间单位

2.【时间线】窗口的基本功能

1) 选择、移动、删除

在【时间线】窗口中选择一个视频或音频片段，需利用工具栏中的【选择工具】 。首先在工具栏内选择【选择工具】 ，然后将光标移至轨道上单击要选择的片段，此时该片段被线框包围，表明被选中。

选中某个片段后，可以对其进行删除操作，按下键盘上的 Delete 键即可。如果希望删除该片段后，后面的片段自动与前一片段连接上，可右击，在弹出的快捷菜单中选择【波纹删除】命令进行删除。

选中某个片段后，也可以对其进行移动操作。只需在选择的片段上，按住鼠标左键拖动即可。

2) 复制、粘贴

使用【选择工具】选中要复制的片段后，右击，在弹出的快捷菜单中选择【复制】命令，即可复制这个片段。然后单击要粘贴片段的位置，单击鼠标右键，在弹出的快捷菜单中选择【粘贴】，就可粘贴这个片段。

如果粘贴位置的长度比复制的片段的长度短，系统会自动调整复制片段的出点以适应粘贴位置；如果粘贴位置的长度比复制的片段的长度长，则多余部分保持空白。

3) 简单编辑功能

前面曾经讲过利用【监视器】窗口编辑素材，在【时间线】窗口可以更灵活地编辑素材，具体操作步骤如下：

(1)向【时间线】窗口拖入一段素材,如图 4-55 所示。由于该素材前后各有一段黑画面,这里要将其切掉,也就是说要修改该片段的入点和出点。

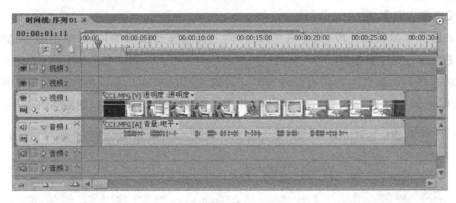

图 4-55　在时间线上引入素材片段

(2)选择工具栏内的【选择工具】,将光标移至该片段的开头,此时光标变成"⊩"形状,如图 4-56 所示。按住鼠标左键并一点一点向后拖动,同时观察【监视器】窗口中的图像。当窗口中的图像由黑画面转换为正常画面时,松开鼠标,该片段的入点就被修改了。

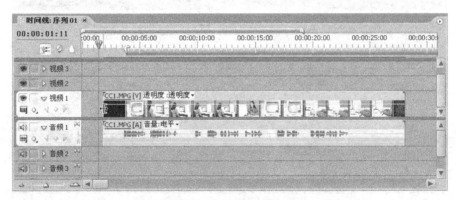

图 4-56　在时间线上改变素材的入点

(3)同理,将光标移至该片段的结尾,此时光标变成"┽"形状,按住鼠标左键并拖动一点一点向前拉,同时观察【监视器】窗口中的图像。当窗口中的图像由黑画面转换为正常画面时,松开鼠标,该片段的出点就被修改了。

利用此种方式修改素材的入点、出点,只在【时间线】窗口起作用,不影响原素材的入、出点设置。当需要时,还可以将该片段入、出点拉长为原始状态。

调整各片段的播出速度也是编辑影片时经常遇到的情况,例如慢镜头、快动作等。首先选择需要改变播出速度的片段;然后右击,在弹出的快捷菜单中选择【素材速度/持续时间】命令;再在弹出的【素材速度/持续时间】对话框中,设定速度或持续时间,如图 4-57 所示。

图 4-57　【素材速度/持续时间】对话框

3.【工具栏】的使用

在【时间线】窗口的右侧有一组常用工具，用来编辑、修改影片，具体功能如下：

1）【选择工具】

用来选择要编辑的片段，选中该工具后，将光标移至要编辑的片段，单击即可选中。

2）【轨道选择工具】

用来选择一个轨道上的所有片段或某个片段之后的所有片段。操作只需在工具栏中单击该工具，然后在轨道上单击某个片段，该片段后面的片段均被选中，如图 4-58 所示。

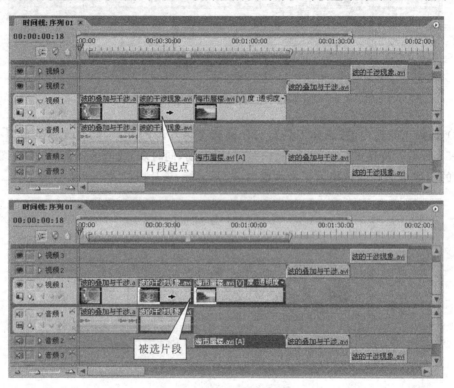

图 4-58　使用【轨道选择工具】

3）【波纹编辑工具】

用此工具来调整某个片段，可以不改变其他片段的长度，影片的总长度发生变化，且调整片段其后的片段按自动顺序前移或后退，如图 4-59 所示。

4）【旋转编辑工具】

用来调整某个片段的长度，调整过程是靠增长或减短相邻片段的长度以保持总长度不变。图 4-60 显示了 3 个编辑过的片段（入点、出点外都有拉伸的余量），如果需要将第 1 个片段增长而又要保持总长度不变，可以利用【旋转编辑工具】来实现。

在工具栏内选择【旋转编辑工具】，将光标移至第 1 个片段与第 2 个片段的连接处，按住鼠标并拖动，如图 4-61 所示。在监视器窗口可以看到第 1 个片段尾部延长，第 2 个画面开头后移的画面。当位置合适时，松开鼠标，就可以实现将第 1 个片段增长而又要保持总长度不变的效果。

图 4-59 使用【波纹编辑工具】

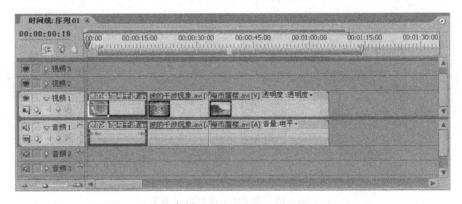

图 4-60 使用【旋转编辑工具】前的 3 个编辑片段

5)【比例缩放工具】

用此工具可改变片段的播放速度。在工具栏内选择该工具,再在轨道上将鼠标移至某个片段的任何一端,然后按住鼠标拖动光标就可以改变这个片段在时间线上的持续时间,如图 4-62 所示。因为运用该工具并不改变片段的入点、出点时间,因此持续时间改变意味着播放速度的改变,持续时间变短,播放速度加快;持续时间变长,播放速度变慢。

6)【剃刀工具】

用来将一个片段切分成两个片段。使用方法很简单,如图 4-63 所示,首先在工具栏中选择剃刀工具,然后将光标移至视频 1 轨道上需要剪切的位置,单击鼠标左键确认。执行后,轨道上的一个片段就变成了两个片段,用【选择工具】移动后面的一个片段,可以看到效果。

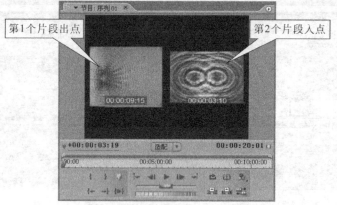

图 4-61　使用【旋转编辑工具】

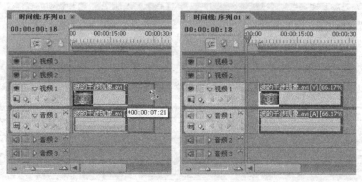

图 4-62　使用【比例缩放工具】

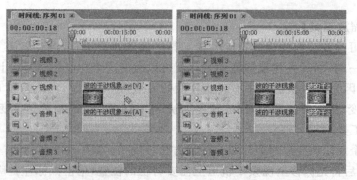

图 4-63　使用【剃刀工具】

7)【错落工具】

该工具对素材片段的入点和出点同时移动,而该片段的长度不变,不影响相邻的片段,这种效果与在片段中任意截取一个相同长度片段的效果一样。具体操作如图 4-64 所示,在工具栏内选择该工具,在轨道上将鼠标移至第 2 个片段的前端,按住鼠标向右拖动光标,在【监视器】窗口可以看到入点、出点的改变及偏移量。当位置合适时,松开鼠标,新的片段即被选定。这类操作要求入点、出点外具有额外的余量,具有可改变的可能性。

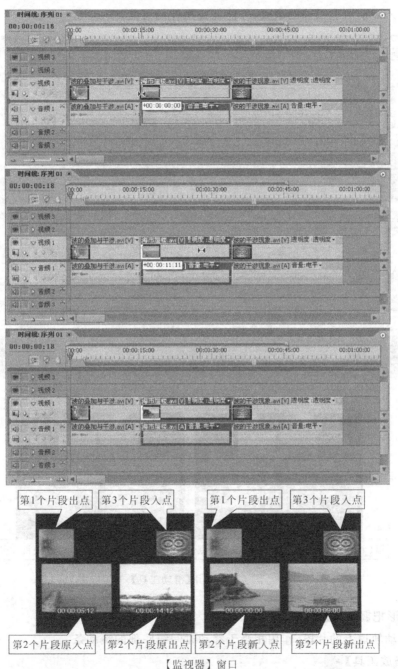

图 4-64　使用【错落工具】

8)【滑动工具】

该工具通过同步移动前一个素材片段的出点和后一个素材片段的入点,在不更改当前素材片段入点和出点的情况下,对其进行相应地移动,节目长度保持不变。具体操作如图 4-65 所示,在工具栏内选择该工具,在轨道上将鼠标移至第 2 个片段的前端,按住鼠标向左拖动光标,在【监视器】窗口可以看到入点、出点的改变及偏移量。当位置合适时,松开鼠标,这样当前素材片段被前移,前面的素材片段变短,后面的素材片段加长。这类操作要求后面的素材入点前要有额外的余量,才能保证操作的可能。

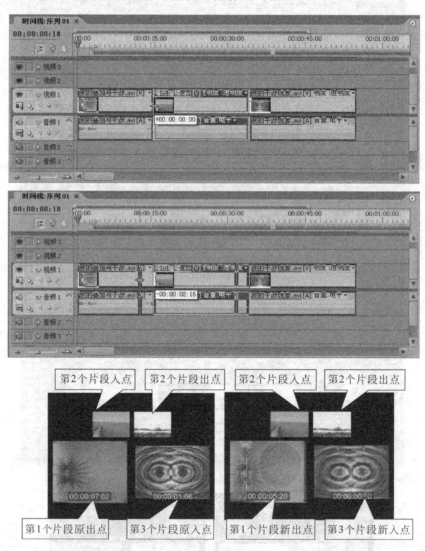

图 4-65　使用【滑动工具】

9)【手形把握工具】

用来移动轨道上的片段,作用相当于移动时间线底部的滚动条。

10)【缩放工具】

用来放大显示在时间轴上的时间间隔。按住 Alt 键的同时单击该工具,可以缩小时间轴上的时间间隔。

4.3.4 使用过渡效果

过渡效果主要用于在影片中从一个片段到另一个片段之间的转换。Premiere Pro 提供了近百种过渡效果,利用这些过渡效果,可以在两个视频片段、两个静态图像、视频片段与静态图像之间创造出各式各样的转换效果,从而增强影片的视觉效果。

1. 选择过渡效果

在 Premiere Pro 2.0 中,设有【效果】窗口,在该窗口中过渡效果是按效果组划分的,包括 3D 运动、划像、卷页、叠化、拉伸、擦除、映射、滑动、特殊效果、缩放 10 个效果组,每个效果组中又有若干过渡效果,共有近百种过渡效果。

选择过渡效果的方法很简单,只需在【效果】窗口中选择【视频过渡效果】打开过渡效果组,再单击选择组别打开过渡效果列表,最后单击具体过渡效果即可。如图 4-66 所示,如果要选择【星形划像】过渡方式,首先单击【划像】过渡组的小三角按钮,打开该组的各种过渡效果列表,然后单击【星形划像】过渡效果。这样就完成了一种过渡效果的选择。

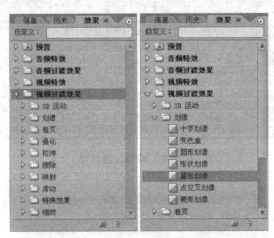

图 4-66　在【效果】窗口选择过渡效果

2. 在时间线上添加过渡效果

过渡效果选择完成后,要拖到【时间线】窗口中编辑,才能完成影片的片段之间的转换。具体操作步骤如下:

(1) 通过菜单命令新建一个项目,并在【项目】窗口导入两段素材 CC1.MPE、CC2.MPG。

(2) 分别将两段素材拖入视频 1 和视频 2 轨道中,并使两段素材有一部分重叠,以实现转换过渡,如图 4-67 所示。

(3) 在【效果】窗口中选择【视频过渡效果】|【划像】|【星形划像】过渡效果,将其拖入视频 2 轨道的开始处,如图 4-68 所示。松开鼠标,在该段素材开始处会出现过渡效果图标 星形划像 (只有放大时间轴才能看到图标全貌)。

(4) 双击该图标,在【监视器】窗口会弹出【效果控制】对话框,在该对话框中可设置过渡效果的各项参数,如图 4-69 所示。以【星形划像】效果为例,在这里可以设置过渡过程的持续时间,可以设置过渡效果中边框的边宽、边色,可以设置划像开始点和结束点的位置,还有反转、抗锯齿品质等设置。

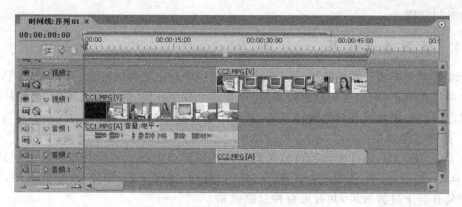

图 4-67　在时间线上引入素材片段

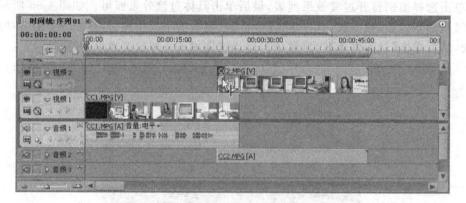

图 4-68　添加过渡效果

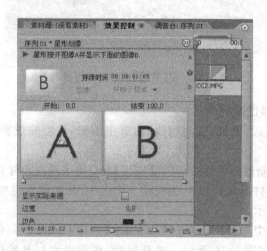

图 4-69　在【效果控制】对话框中设置过渡效果

（5）参数设置完成后，通过拖动窗口右侧的光标线，在右侧窗口可以浏览到过渡效果；将鼠标移至图标的结束处，按住鼠标左键拖动，可改变过渡的时间，如图 4-70 所示。同样，在【时间线】窗口中拖动光标线，也可以在【监视器】窗口中浏览到过渡效果。

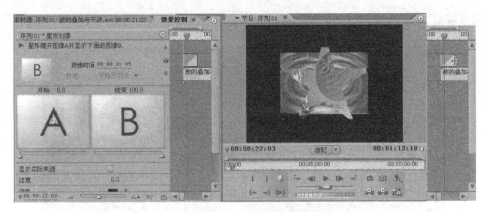

图 4-70 在【效果控制】选项中浏览过渡效果

3. 几种常用的过渡效果

这里主要介绍几种常用的过渡效果,使学习者增加一些感性认识,以便更好地运用这些过渡效果。

1)【3D运动】过渡效果

【3D运动】过渡效果是一种两画面以某种三维动作实现的画面过渡过程。该效果组共有 10 个过渡效果,图 4-71 显示了其中常用的两种方式。

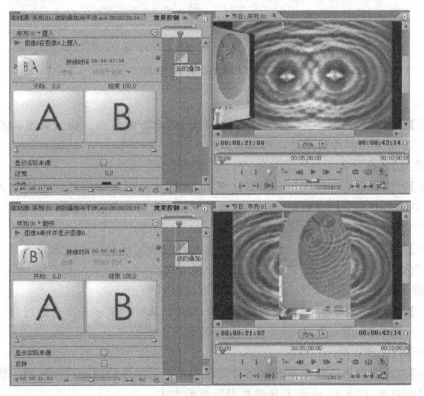

图 4-71 【3D运动】过渡效果

2)【划像】过渡效果

【划像】过渡效果是一种两画面以某种图案相互划像实现的画面过渡过程。该效果组共有7个过渡效果,图4-72显示了其中常用的两种方式。

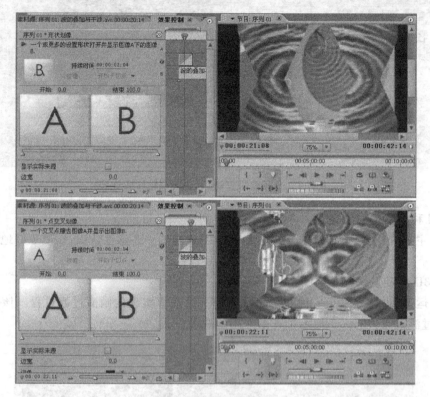

图4-72 【划像】过渡效果

3)【卷页】过渡效果

【卷页】过渡效果是一种在两个画面中实现翻页、卷页的过程。该效果组共有5个过渡效果,图4-73显示了其中常用的两种方式。

4)【叠化】过渡效果

【叠化】过渡效果是一种以一个画面逐渐消失,另一画面逐渐出现的变换方式来实现过渡。该效果组共有6个过渡效果,图4-74显示了其中常用的两种方式。

5)【拉伸】过渡效果

【拉伸】过渡效果是一种两画面以某种图案伸展变换实现的画面过渡过程。该效果组共有5个过渡效果,图4-75显示了其中常用的2种方式。

6)【擦除】过渡效果

【擦除】过渡效果是一种一个画面被另一个画面以某种图案逐步擦除的过程。该效果组共有18个过渡效果,图4-76显示了其中常用的两种方式。

7)【滑动】过渡效果

【滑动】过渡效果是一种两画面以某种图案相互滑动实现的画面过渡过程。该效果组共有11个过渡效果,图4-77显示了其中常用的两种方式。

8)【缩放】过渡效果

【缩放】过渡效果是一种靠画面缩放实现画面过渡的过程。该效果组共有4个过渡效果,图4-78显示了其中常用的两种方式。

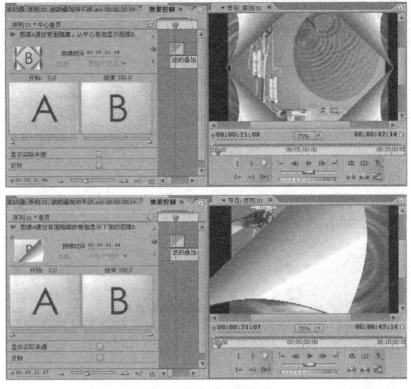

图 4-73 【卷页】过渡效果

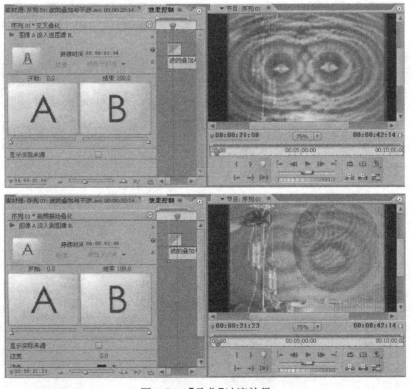

图 4-74 【叠化】过渡效果

第4章 音视频资源的设计和编辑

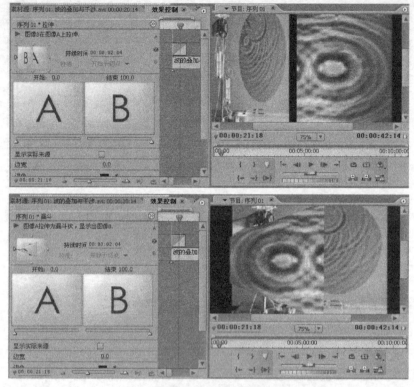

图 4-75 【拉伸】过渡效果

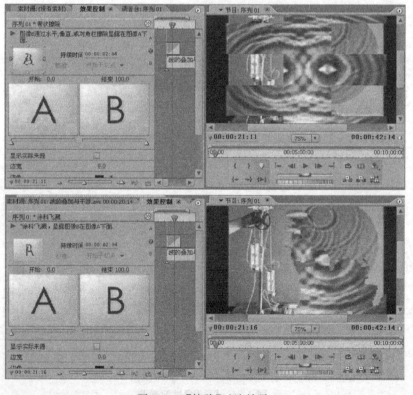

图 4-76 【擦除】过渡效果

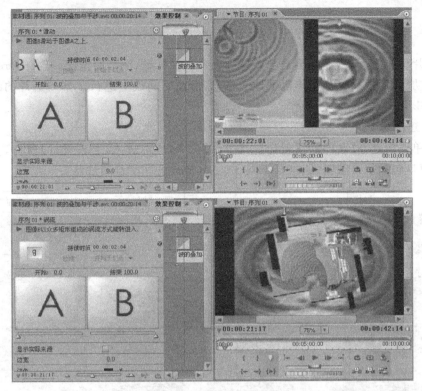

图 4-77 【滑动】过渡效果

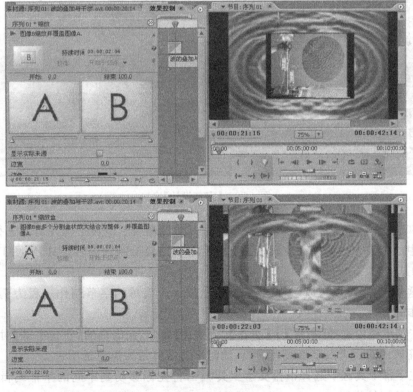

图 4-78 【缩放】过渡效果

第4章 音视频资源的设计和编辑

4.3.5 字幕制作

在影片编辑过程中,经常会遇在某些画面上添加标题、字幕的情况。Premiere Pro 提供了相应的功能,通过在字幕工作区创建字幕,然后在时间线上进行字幕与影片的编辑,最终可完成在影片中添加字幕的操作。

1. 创建字幕

在菜单栏内选择【文件】|【新建】|【字幕】命令,即可进入【字幕设计】窗口。如图 4-79 所示,该窗口包括字幕编辑区、字幕工具区、字幕样式区和字幕属性区。

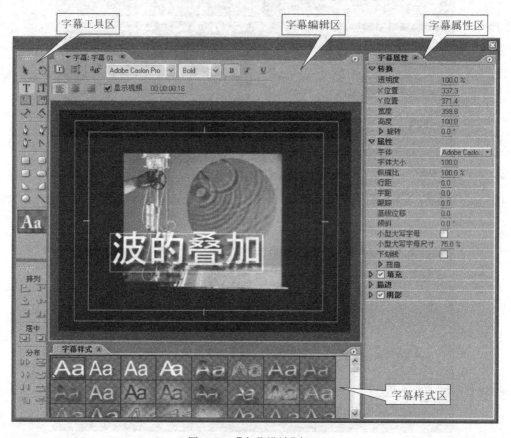

图 4-79 【字幕设计】窗口

图 4-80 显示了字幕工具区中的各种工具,其功能是用于添加字幕并对其进行控制。字幕工具区中的工具分为选择和旋转工具、文字工具、路径绘制和编辑工具、绘图工具、排列工具和分布工具。

通过这些工具,可以完成字幕的创建,这里以一个简单的字幕制作过程为例,分析一下具体操作步骤:

(1) 在菜单栏内选择【文件】|【新建】|【字幕】命令,在出现的【新建字幕】对话框中,输入名称并确认。随后进入字幕设计窗口,此时字幕区背景为黑色透明色。

(2) 在字幕工具区中选择横排文字工具 T ,将光标移动到中间的字幕编辑区,单击鼠标确定字幕的初始位置。

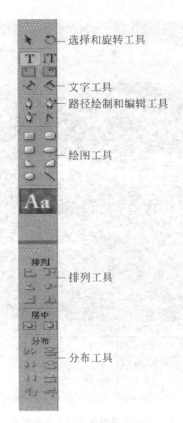

图 4-80　字幕工具区

(3) 在字幕样式区列出了很多字幕样式,如果没有特殊要求,可以在该区域选择一种字幕样式。这里选择第 1 排倒数第 2 个,此时字幕工具区会显示此种样式的字母 Aa。

(4) 在字幕编辑区输入"字幕制作"文本,字幕会按照前面设置的样式显示出来,如图 4-81 所示。

(5) 如果字幕的位置或尺寸等属性需要调整,可在字幕工具区内单击选择工具 ,此时字幕区内字幕周围会出现 8 个小方块,如图 4-82 所示,拖动小方块可调整字幕的尺寸;将光标移动到字幕上,按住鼠标并拖动,可改变字幕的位置。

(6) 上述操作过程中,在字幕属性区会显示相应的参数。字幕属性区包括了转换、属性、扭曲、填充、描边、阴影等选项,单击选项前的小三角,可展开或关闭该选项的内容。在【属性】选项中,可以设置字体、字体大小、纵横比、行距、字距、跟踪、基线位移、倾斜、小型大写字母、小型大写字母尺寸、下划线等;通过【扭曲】选项,可以设置字体的扭曲程度;通过【填充】、【描边】、【阴影】选项,可以设置字幕的填充、描边、阴影效果,如图 4-83 所示。

(7) 完成字幕制作和属性设置后,还需要保存该字幕。单击【字幕设计】窗口右上角退出按钮,系统会将该字幕保存在【项目】窗口中,如图 4-84 所示。

2. 在影片上叠加字幕

字幕创建完成后,接下来就要将制作好的字幕叠加到影片中去。这里首先介绍一种在视频节目上叠加字幕的方法,具体操作步骤如下:

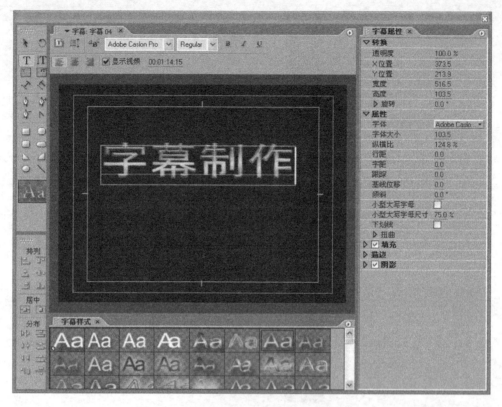

图 4-81　在字幕编辑区输入"字幕制作"文本

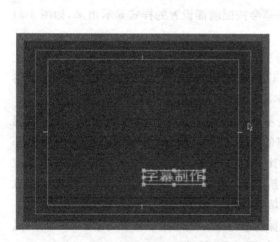

图 4-82　调整字幕尺寸、位置

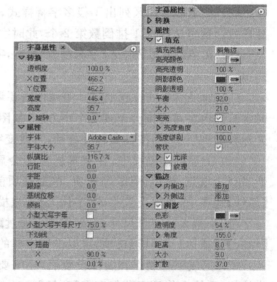

图 4-83　字幕属性设置

（1）在菜单栏内选择【文件】|【导入】命令，在出现的【导入】对话框中选择所需素材，在项目窗口中导入该素材，如图 4-85 所示。

图 4-84　字幕被保存在【项目】窗口中　　　　图 4-85　在【项目】窗口导入素材

（2）将【项目】窗口中的视频素材拖入时间线的视频 1 轨道上，将字幕拖入到时间线视频 2 轨道上需要添加字幕的位置，并拖拉字幕图标使其时间长度符合画面要求，如图 4-86 所示。

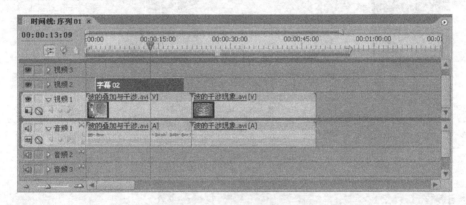

图 4-86　在时间线上添加字幕

（3）在字幕位置拖动光标线，就可以在【监视器】窗口中看到实际的叠加效果，如图 4-87 所示。

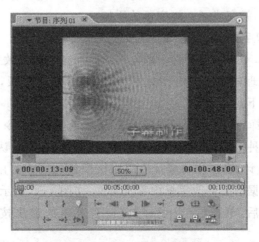

图 4-87　预览字幕叠加效果

(4) 如果字幕需要进一步调整,可双击【项目】窗口中的字幕文件打开【字幕设计】窗口,进一步修改字幕的属性。将时间线上的光标线置于字幕和视频叠加处,就可以在【字幕设计】窗口中看到字幕叠加背景视频的画面,这样更便于修改,如图4-88所示。

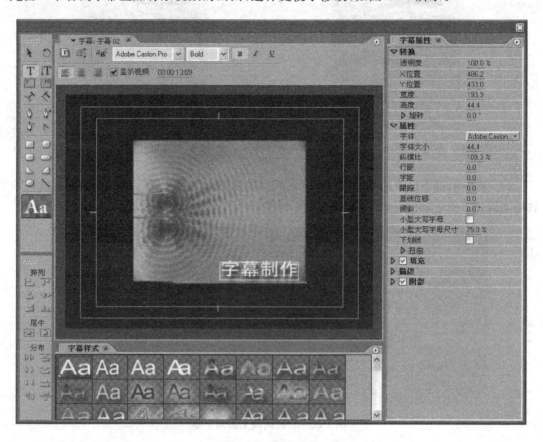

图 4-88 修改字幕

(5) 字幕修改后,退出【字幕设计】窗口。此时,字幕被重新保存,时间线上与视频叠加的字幕也被修改。这样,就完成了一幅字幕的添加。

3. 制作静态图像和字幕

在影片编辑过程中,不仅会遇到将字幕与视频叠加在一起的效果,也会遇到将静态图像和字幕作为视频节目处理的情况。Premiere Pro 提供了很多模板,可以很方便地实现这一功能。具体操作步骤如下:

(1) 在菜单栏中选择【字幕】|【新建字幕】|【基于模板】命令,会弹出【模板】对话框。在该对话框中提供了多种模板,选择其中一种,单击【确定】按钮确认,如图4-89所示。

(2) 此时在【字幕设计】窗口中将显示出应用该模板的画面。用字幕工具区内的【选择工具】选中相应字幕,根据需要修改字幕内容及属性,如图4-90所示。

(3) 字幕制作完成后,单击【字幕设计】窗口右上角的退出按钮,系统会自动保存该字幕。

图 4-89 【模板】对话框

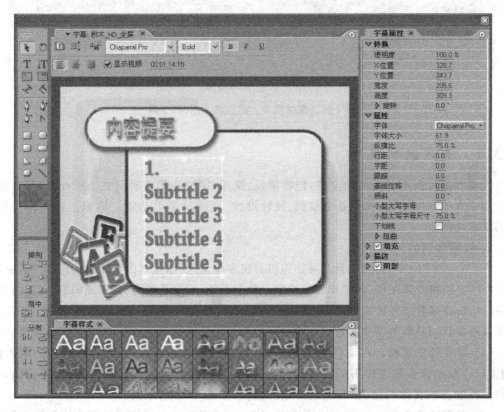

图 4-90 应用模板的画面

(4) 此时,在【项目】窗口将显示该图像文件。将该图像文件拖到【时间线】窗口的视频1轨道上与原来视频文件相连,并在【效果】窗口中选择一种过渡效果,拖到轨道上视频文件与图像文件之间。将光标线移至过渡效果处,就可以看到实际的叠加效果,如图 4-91 所示。

此处,图像文件作为一路视频内容处理,转换后的最终结果显示的是图像文件。

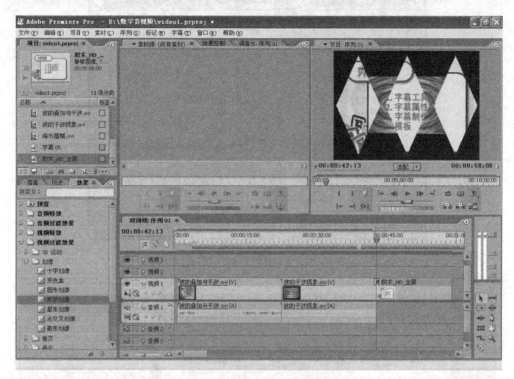

图 4-91　在时间线上添加静态图像、字幕

4.3.6　音频编辑技巧

完整的影片离不开音频的支持,包括解说、配乐、同期声等多种形式。Premier Pro 提供了功能强大的音频功能,包括基本编辑、属性设置、音频滤镜等功能。这里主要介绍一些常用的基本功能。

1. 音频编辑的基本方法

在 Premier Pro 中,音频编辑与视频编辑有很多相似之处,基本的编辑过程包括导入素材、在时间线上编辑音频文件、调整参数等步骤。对于音频,无论是解说、音乐或同期声,经过数字采集后均转换成数字音频文件,只是其格式有些不同,例如:解说经常采用 *.WAV 格式,音乐多采用 MP3、DAT 等格式。这里以编辑好的视频配音乐为例,介绍一下具体操作步骤:

(1) 导入音乐素材。在菜单栏中选择【文件】|【导入】命令,将所需音频文件调入【项目】窗口。双击该音频文件图标,在【监视器】窗口左侧会显示该音频文件的信息,在该窗口中可以控制音频文件的播放和入点、出点的编辑,如图 4-92 所示。

(2) 根据已编辑好的视频文件的长度,在【监视器】窗口中,利用【设置入点】和【设置出点】编辑工具,选择同等长度的一段音乐,如图 4-93 所示。

(3) 将该音频文件拖到时间线上的音频 2 轨道上,与视频文件对齐,如图 4-94 所示。将光标线移至开头位置,单击【监视器】窗口右侧窗口的【播放】按钮,就可以看到并听到音、视频轨道合成的效果。

图 4-92　导入音乐素材

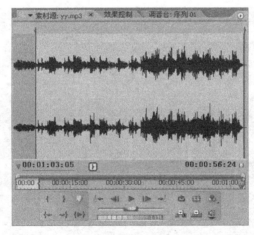

图 4-93　编辑音频片段

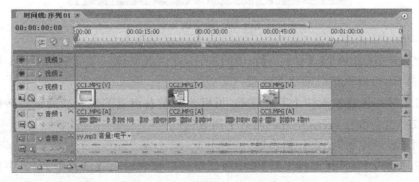

图 4-94　在时间线上添加背景音乐

（4）如果感觉音量大小不合适，可调节音量增益。利用工具栏中的【选择工具】，在【时间线】窗口的音频2轨道上选中该段音乐，右击，在弹出的快捷菜单中选择【音频增益】命令，会弹出如图4-95所示的【素材增益】对话框。通过调整dB值，可改变音频音量的大小。

图4-95　调节音量增益

（5）大家可能注意到，在音频1轨道上有音频文件，这是与视频链接在一起的解说词。有些情况下，可能需要删除这些音频文件。具体操作如下：用工具栏中的【选择工具】选中要删除的素材片段，会发现该段的视频与音频是链接在一起的。单击鼠标右键，在弹出的快捷菜单中选择【解除视音频链接】命令，此时音视频就会分开，然后单击音频文件，就可进行删除操作了。

2. 音频的基本编辑技巧

在音频编辑过程中，还有一些常用的编辑技巧，如调音台的使用、利用【效果控制】设置音频效果、设置交叉淡化的过渡效果、添加音频特效等。下面做些简单的介绍。

1）调音台的使用

（1）在时间线窗口播放某段音频素材，同时在【监视器】窗口中打开【调音台】选项。如图4-96所示，【调音台】选项中会显示音频电平的变化。这里显示了3个音频轨道（音频1、音频2、音频3）分别与时间线上的轨道对应，主音轨表示几个音轨合成后的总输出。

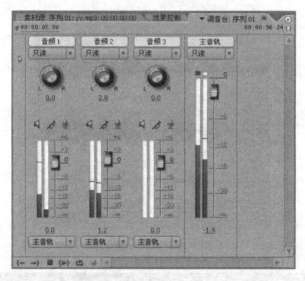

图4-96　使用调音台

（2）分别调节【音频1】、【音频2】轨中的拉杆，可以调整该轨道音频的音量；调节【主音轨】轨中的拉杆，可以调整总输出的音量。

（3）将鼠标移至音轨旋钮上左右拖动，可以改变左右声道的平衡。旋钮旋转的同时，旋钮下方的数字也会改变，表示左右声道的平衡数值。

2）利用【效果控制】设置音频效果

（1）在时间线上利用【选择工具】选中需调整的音频素材，在【监视器】窗口中打开【效果控制】选项。在该选项中单击小三角按钮，分别展开【音量】、【电平】选项，如图4-97所示。

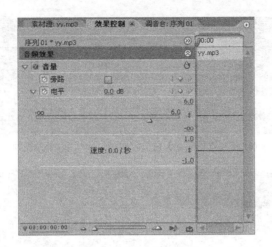

图 4-97　设置音频效果

（2）在该窗口中，左右拖动【电平】选项下方的三角形滑块，可以改变音频的电平以达到调节音量的目的。同时该窗口右侧时间线下方代表音频电平的线段也会改变，如图 4-98 所示。

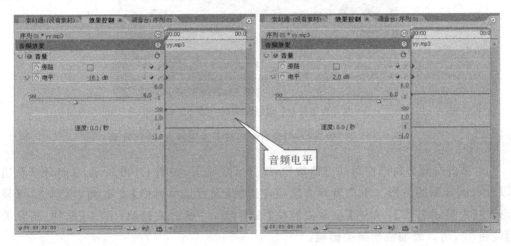

图 4-98　改变音频的电平

（3）在音频编辑过程中，经常会遇到对音频的入点、出点添加淡化效果，这样做的目的是使入点音乐渐起、出点音乐渐落，使声音效果更加流畅、柔和。我们可以利用【效果控制】窗口中的时间线来完成这种功能。具体操作如下：在该窗口时间线上将光标线移至开头位置，在【电平】选项右侧单击【添加关键帧】，这时时间线上会出现关键帧，如图 4-99(a)所示；同理，如图 4-99(b)所示，添加其余 3 个关键帧；将第 1、4 个关键帧向下拉动，将电平调为零，如图 4-99(c)所示；这样我们就完成了添加淡化效果的操作，播放该段音频，可以听到淡入、淡出的效果。

3）在【时间线】窗口设置淡入、淡出效果

前面我们讲了在【效果控制】窗口时间线上设置淡入、淡出效果，在【时间线】窗口也同样可以设置。具体操作步骤如下：

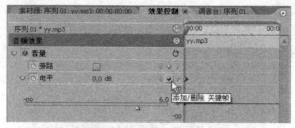

(a) 在【效果控制】窗口时间线上添加第1个关键帧

(b) 在【效果控制】窗口时间线上添加其余3个关键帧

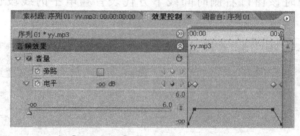

(c) 在【效果控制】窗口时间线上调节音频电平

图 4-99　在【效果控制】窗口时间线上设置淡入、淡出效果

(1) 单击音频2轨道左边的三角按钮,展开音频轨道,如图4-100所示,在音频2轨道上可以看到该音乐的波形。单击音频2轨道左边的【设置显示风格】按钮，可以选择【显示波形】或【只显示名称】；单击【显示关键帧】按钮，可显示关键帧；单击【添加/删除关键帧】按钮，可以添加或删除关键帧。

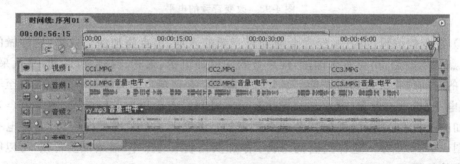

图 4-100　扩展音轨上的按钮

(2) 从图4-100中可以看到,中间有一条线,表示音频电平。利用【选择工具】可整体上下移动该黄线,调整音频音量。

(3) 将光标线移至音频起始点位置,单击【添加/删除关键帧】按钮 ,添加一个关键帧。同理,在入点后 3 秒处、结尾处、结尾前 3 秒处也添加关键帧,如图 4-101 所示。

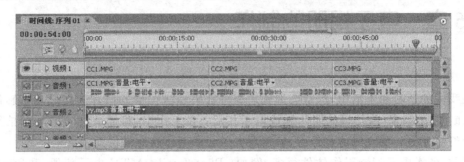

图 4-101　在时间线音频轨道上添加关键帧

(4) 利用【选择工具】将起始点位置关键帧向下拖至最低点,将结尾处关键帧也向下拖至最低点,如图 4-102 所示。这表明音乐是从入点开始逐渐增加,到第一个关键帧时变为正常,从结尾前关键帧起音乐逐渐减小。这样,就完成了一段与音频素材淡入、淡出效果的设置。

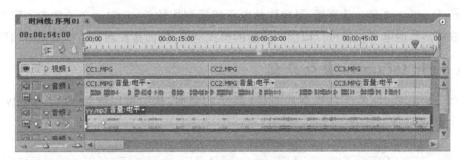

图 4-102　在时间线音频轨道上设置淡入、淡出效果

(5) 将光标线移至开始位置,单击【监视器】窗口【节目】窗口中的【播放】按钮,或单击键盘上的空格键,可以听到淡化的效果。

本 章 小 结

本章简要介绍了音视频节目的设计步骤及脚本的编写,重点介绍了音视频混合编辑软件 Vegas Pro 8.0 和 Premiere Pro 2.0 的使用技巧。Vegas Pro 8.0 比较适合初学者使用,而 Premiere Pro 2.0 专业性更强,功能也更强大,学习者可以根据自身情况自主选择。

Premiere Pro 2.0 软件还提供了很多高级编辑技巧,例如:给视频添加模糊、透视、风格化等多种滤镜效果,对视频片段设置旋转、缩放、画中画等运动效果,制作滚动字幕、添加音频特效、设置交叉淡化音频效果等。这些内容需要在不断地学习和练习中逐步熟悉、掌握。

第 5 章 电子相册的制作

在我们的学习和生活中,经常会遇到需要将数码相机拍摄的照片连接成动态影像的情况,例如:旅游归来,将拍摄的照片制成电子相册;在工作中,将需要演示的场景拍照制作成演示幻灯片等。要完成这些任务,就需要电子相册制作软件的帮助。

目前,各类电子相册制作软件很多,例如:Photofamily、MTV 电子相册、数码故事、绘声绘影、魅力四射、3D-Album-CS 等。这些软件各具特色、功能各异,这里介绍 3 款有代表性的、实用的电子相册制作软件——Photofamily 3.0、数码故事 2008 和 3D-Album-CS。

5.1 Photofamily

Photofamily 3.0 是一款简便、易操作的电子相册制作软件,非常适合初学者和家庭使用。利用该软件制作的电子相册可以以虚拟相册的形式呈现,仿佛是在翻阅一本真实的相册。

5.1.1 Photofamily 窗口介绍

启动 Photofamily 3.0,将出现如图 5-1 所示的画面,从中可以看到 Photofamily 3.0 窗口的各个组成部分。

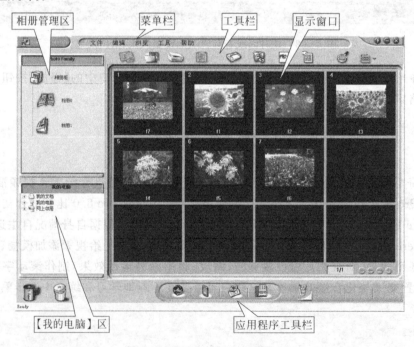

图 5-1　Photofamily 3.0 主界面

菜单栏：包括文件、编辑、浏览、工具和帮助菜单，Photofamily 3.0 的主要功能在这里都可以找到。

相册管理区：采用相册柜/相册双层管理方式，可实现相册的分类管理。

【我的电脑】区：在此区域可实现文件的查找。

显示窗口：可按列表、缩略图、详细资料、图标等不同形式显示图像文件的信息。

工具栏：列出了制作电子相册的常用工具，依次为新相册、获取、扫描、保存、打印、编辑、浏览、属性、查找。

应用程序工具栏：可将制作完成的相册发送到网络、掌上型计算机、邮件、传真等之上。

5.1.2 Photofamily 电子相册制作的基本流程

采用 Photofamily 制作电子相册，其基本流程包括创建相册、导入图像、浏览图片、图片编辑、添加音乐解说、相册属性设置、打包相册等环节。下面将具体介绍操作步骤。

1. 创建相册柜和相册

在【文件】菜单中单击【新相册柜】(或按快捷键 Ctrl+H)，在相册管理区里就会出现一个相册柜图标。单击相册柜名，然后输入自定义的相册名称。

单击【新相册】按钮，在相册柜中添加一个新相册。再单击【新相册】按钮，可以产生多个相册。

如图 5-2 所示，Photofamily 采用了独特的相册柜/相册双层管理，可以将同一类型的图片储存在同一个相册里，再将储存了同一类型图片的多个相册放在同一个相册柜里。

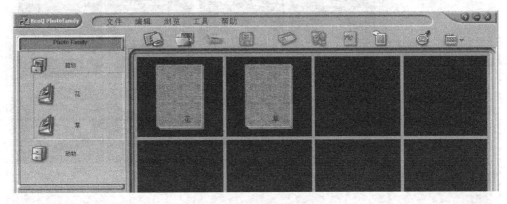

图 5-2　创建相册柜和相册

在相册管理区单击"花"相册，打开一个新相册。

2. 导入图像

如图 5-3 所示，单击工具栏上的【获取】按钮，或在【文件】菜单里选择【导入图像】(Ctrl+D)，会弹出【打开】对话框。选择图片所在的文件夹，选中想导入的图片，然后单击【打开】按钮，即可将这些图片导入到选定的相册中。

也可以在【我的电脑】区中找到你想要导入的图片的文件夹，这时显示窗口中会显示出图片信息，选中所需的图片，利用鼠标拖放把它们拖到目标相册中，Photofamily 会自动导入这些图片，如图 5-4 所示。

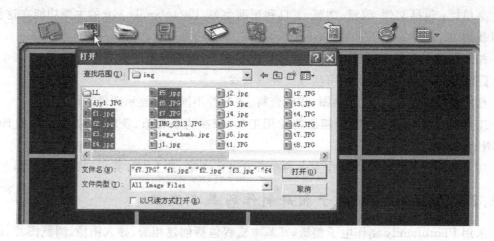

图 5-3 利用获取按钮导入图片

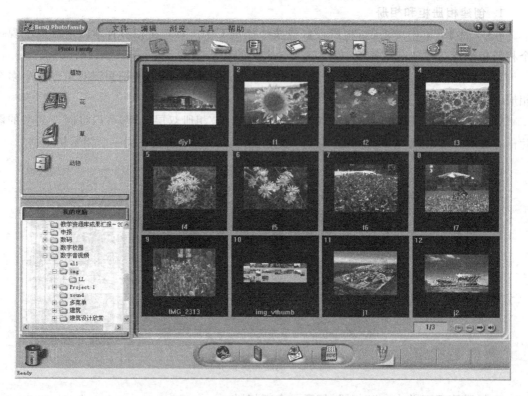

图 5-4 利用【我的电脑】导入图片

Photofamily 3.0 还提供了扫描功能,可以将需要的图片通过扫描引入相册中。

3. 浏览图片

单击【工具栏】中的【浏览】按钮或双击想浏览的相册,即可在虚拟相册模式下浏览图片,如图 5-5 所示。用鼠标单击相册图片便可以实现翻页。

如果不想频频点击鼠标,可以在浏览窗口的工具栏上,设置每幅画面自动播放的时间,单击【自动播放】按钮(如图 5-6 所示),让虚拟相册自动翻页。

图 5-5 浏览图片

图 5-6 在浏览窗口的工具栏上选择自动播放

如果想选择全屏播放模式,需要在浏览窗口的工具栏中选择【图像浏览】按钮,如图 5-7 所示。此时浏览图片变换为全屏浏览模式,如图 5-8 所示,在图片上单击鼠标右键,选择【贴合窗口】,使图像大小与窗口大小一致。单击工具栏上的【自动播放】按钮,就可以在全屏的状态下浏览图片,并可以看到转场效果。相关的设置在文件菜单的放映幻灯片设置中可以设定。

图 5-7 在浏览窗口的工具栏上选择图像浏览

4. 添加相册音乐

在浏览窗口的工具栏中选择【属性】选项,打开相册属性的【常规】选项页,如图 5-9 所示,在该页面中选择【音乐】选项,单击音乐文件夹,打开音乐设置对话框。如图 5-10 所示,单击【添加】按钮,为相册选择合适的音乐。在该对话框中单击【播放】按钮,可以播放选中的音乐文件。单击【停止播放】按钮,暂停播放音乐文件。最后单击【确定】按钮,完成设置。

图 5-8　全屏浏览模式选择贴合窗口

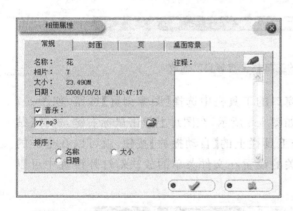

图 5-9　打开【相册属性】中的【常规】选项卡

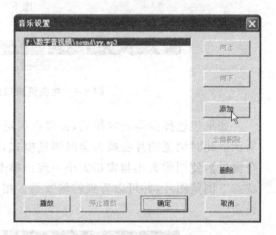

图 5-10　【音乐设置】对话框

这里要注意，音乐的长短要与画面播放的长短一致，这样播放起来效果才会完美。大家可以利用前面讲过的音频编辑软件，对音乐进行编辑。

5. 图片编辑

在 Photofamily 3.0 主界面中，通过图片编辑界面，可以对每张图片进行编辑，包括：

- 旋转图片、调节图片的明亮度。
- 给图片添加特效。
- 给图片制作变形效果。
- 用图片制作卡片、日历效果等。

具体操作如下：

在 Photofamily 3.0 主界面中，选中一幅图片，然后单击工具栏上的【图片编辑】按钮，Photofamily 3.0 会从图片管理切换到图片编辑界面，如图 5-11 所示。

图 5-11　图片编辑界面

图片编辑界面的中央是预览窗口，在这里可以预览加在图片上的各种效果。预览窗口上方是任务栏，在这里可以对图片进行调节、特效、变形、趣味合成的编辑操作。

在【调节】选项中，如图 5-12 所示，可实现对图片旋转、改变大小和亮度、色彩平衡、饱和度的调整；在【特效】选项中，如图 5-13 所示，可实现对图片进行焦距、马赛克和浮雕的特效处理；在【变形】选项中，如图 5-14 所示，可实现对图片多种变形操作，如倾斜、球形、挤压、漩涡、波纹；在【趣味合成】选项中，如图 5-15 所示，可制作毛边、相框、卡片、日历、信纸等效果。

图 5-12　【调节】选项

实例：设置相框效果

在预览窗口任务栏中，在【趣味合成】选项中选择【相框效果】，此时在界面左侧的操作面板上，显示出了相对应的功能按钮和模板。选择一个喜欢的相框模板后，单击【应用】按钮，此时，在浏览窗口就可以看见图片添加了相框的效果，如图 5-16 所示。

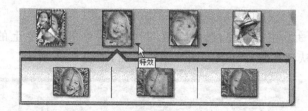

图 5-13 【特效】选项

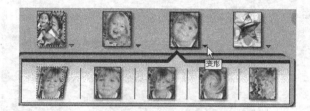

图 5-14 【变形】选项

图 5-15 【趣味合成】选项

图 5-16 给图片添加相框效果

如果此时感觉相框不理想,可以重新选择。确定后,在预览窗口的下面,单击图片编辑工具栏中的【保存】按钮,在出现的保存对话框中,单击【确定】,这样原始导入的图片就被带有相框的图片替代了。类似地,可以对导入的图片,根据需要进行编辑、修改。

6. 相册属性的设置

通过相册属性的设置,可以对相册的封面、封底、页面背景,相框样式,页面风格,文本风格等做进一步的细化设置,使相册整体更加协调、统一。

在 Photofamily 3.0 主界面的【任务栏】中单击【属性】按钮,进入相册属性对话框。在【常规】选项中,如图 5-17 所示,列出了对相册名称、相片数目、相册的空间容量、相册创建日期等信息的说明。在注释框中可以在空白的文本框里添加关于该相册的附加注释。如果想为该相册添加背景音乐,则选中【音乐】复选框,然后单击输入框右侧的文件夹,搜索需要的音乐文件。另外,还可以选择图片的排序方式,按文件名、文件大小或按文件创建日期排序。

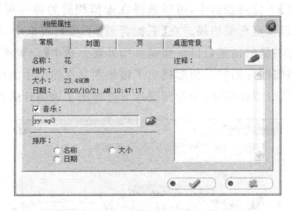

图 5-17 【相册属性】的【常规】选项卡

在【封面】选项卡中,如图 5-18 所示,可以对封面图像、封面相框、相册名称、封面背景、封底背景进行设置。单击相应的图标,可以对选中的内容进行设置,例如:单击【封面图像】图标,可以选择不同的图片做封面,如图 5-19 所示。

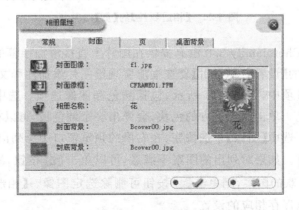

图 5-18 【相册属性】的【封面】选项卡

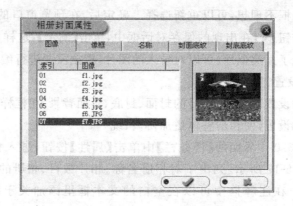

图 5-19 【相册封面属性】设置

在【页】选项卡中，如图 5-20 所示，包括了图像排列、页面背景、设置索引、设置名称索引等功能。在【图像排列】下拉列表框中，可以选择在虚拟相册的每一页里显示的图片数。在右侧的预览窗口里可以预览页面格局。在【页面背景】下拉列表框中，可以选择在虚拟相册内页的底纹图案，并在右侧的预览窗口里预览页面外观。选中【设置索引】复选框，在浏览虚拟相册时，就会看到每幅图片的左上角都列出了该幅图片在相册中的序列号。选中【设置名称索引】复选框，在浏览虚拟相册时，会看到图片下方列出了该图片的文件名。

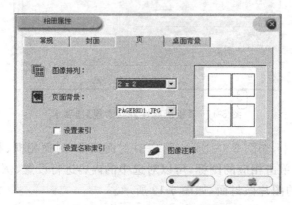

图 5-20 【相册属性】的【页】选项卡

需要说明一点，Photofamily 3.0 没有提供在图片上直接添加字幕的功能，利用【相册属性】的【页】选项卡中的【设置名称索引】复选框能实现给图片添加注释文字。

在【桌面背景】选项中，如图 5-21 所示，包括颜色和图像选项。选中【颜色】单选按钮可设置桌面背景为单色。单击颜色下方的色块，会弹出一个调色板，可以在调色板里选择你喜欢的桌面背景颜色。选中【图像】单选按钮，在右侧的预览窗口中会列出多种图案供选择，单击选中一个图案即可。如果对列出的图案不满意，可以单击 ⊞ 按钮，添加一幅真彩图为桌面背景；要删除不喜欢的图案，则单击 ⊟ 按钮可删除选定图像。【相册属性】设置完毕后，应单击【确定】按钮以保存相应的设置。

7. 打包相册

当制作好了一个精美的相册后，如果想与朋友们一起分享，就需要打包成一个通用格式

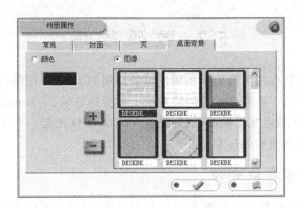

图 5-21 【相册属性】的【桌面背景】选项卡

的文件。Photofamily 3.0 提供了这种功能，可以把相册打包成一个独立的、带 exe 后缀的可执行文件或 avi 视频文件。

在 Photofamily 3.0 主界面的【工具】菜单中选择【打包相册】命令，会出现【打包相册】对话框，如图 5-22 所示。在【选项】区域，可选择打包时是否【保存背景音乐数据】和【保存图片音乐数据】（这些音乐文件通常体积较大，将它们一起打包会增加打包后相册的体积。如果想要体积较小的打包相册，请不要在相册包里加入音乐）。选中【自动大小】复选框，系统会自动压缩图片以减小整个压缩包的大小。

图 5-22 相册属性——桌面

在【模式】区域，可以选择打包后的相册运行模式：【打包成虚拟相册】或【打包成幻灯片】（全屏浏览）。如果希望将相册内容保密，可以为打包后的相册加上密码。选中【密码保护】复选框，然后在下方的【密码】文本框和【确认密码】文本框中输入相同的字串即可。最后，在【打包文件】区域选择打包后相册的保存路径，设置打包相册的文件名和文件格式。当完成以上所有的设置后，单击【确定】按钮开始打包。

5.2 数码故事

"数码故事"是一款专门为数码相机用户量身订制的、易于使用的、高品质的电子相册制作软件。利用该软件可以将精选的数码照片配上喜爱的音乐、字幕和转换特效,制作成动态的影片,可以在计算机或电视上播放,或刻录成 VCD/DVD 光盘。不难想象,伴随着音乐欣赏自己的相片将是多么美妙的感觉!

5.2.1 数码故事窗口介绍

启动数码故事 2008,将出现如图 5-23 所示的画面,从图中可以看到数码故事 2008 窗口的各个组成部分。

菜单栏:包括幻灯片、菜单、预览、刻录 4 大功能,分别单击这 4 个按钮,可以进行幻灯片制作、菜单制作、预览播放效果和刻录光盘操作。

幻灯片界面:单击【幻灯片】图标,可进入幻灯片制作界面。界面的左侧是相册文件管理区,记录了相册文件的结构,可以选择以树状图或缩略图方式显示;界面右侧的上半部分是显示窗口,用于显示幻灯片的播放效果;界面右侧的下半部分是故事板或时间线,用来编辑幻灯片。

图 5-23 数码故事 2008 主界面

单击【菜单】图标,进入菜单制作界面,在这里可以给制作的 VCD 或 DVD 相册添加一个菜单,如图 5-24 所示。

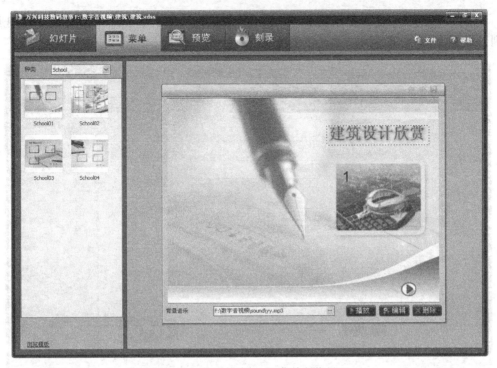

图 5-24　数码故事 2008 菜单制作界面

单击【预览】图标，进入预览界面，在这里可以预览编辑的效果，包括菜单和幻灯片，如图 5-25 所示。

图 5-25　数码故事 2008 预览界面

单击【刻录】图标，进入刻录状态，在这里可以选择输出的文件格式，将制作好的相册刻录到光盘上，如图 5-26 所示。

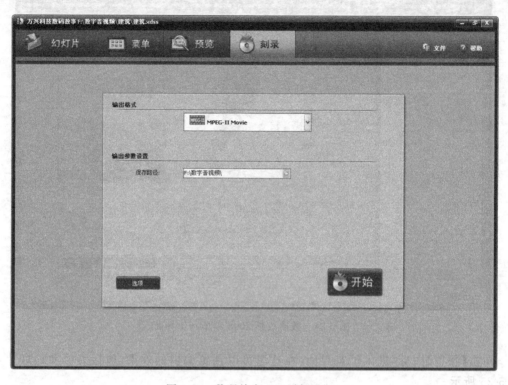

图 5-26　数码故事 2008 刻录界面

5.2.2　数码故事电子相册制作的基本流程

采用数码故事制作电子相册，其基本流程包括创建新项目、导入图像或视频文件、选择镜头效果、设置转场效果、添加字幕、添加音乐解说、制作菜单、预览效果和刻录光盘等环节。下面具体介绍操作步骤。

1. 创建/保存新项目

在主界面中，单击【幻灯片】按钮，在界面右上侧选择【文件】|【新增】命令，创建一个新项目，如图 5-27 所示。在界面左侧文件管理区可以改变文件名称。具体操作如下：选中要修改的文件，右击，选择重命名，输入新文件名。

在界面右上侧选择【文件】|【另存为】命令，选择文件名称及路径，单击【确定】按钮保存。这样我们就创建了一个新项目并将其保存。

2. 导入图片或视频文件

如图 5-28 所示，创建新项目后，在显示窗口单击【加入图片/视频】按钮，会出现【打开】对话框，选择合适的路径，选定要加入的文件，单击【打开】按钮，这些文件就被导入到时间线上。同样的操作也可以导入视频文件。

建议：将对话框中的文件以缩略图方式显示，这样便于选择图片文件。

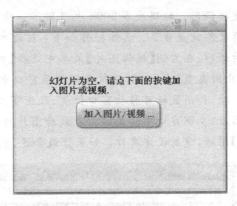

图 5-27 创建、保存新项目　　　　图 5-28 导入图片或视频文件

如图 5-29 所示,在时间线上会看到导入的一张张照片。单击选中第一张图片,在显示窗口单击【播放】按钮,就可以看到照片连接起来的效果。此时的转场效果是随机设定的。

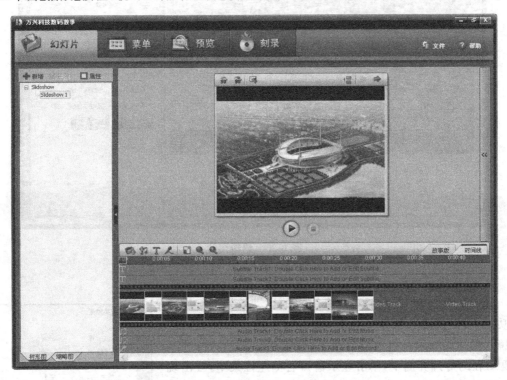

图 5-29 导入图片或视频文件

如果需要,可以调整照片的显示顺序。在时间线上,单击选中要调整的照片,照片周围会出现黄框,按住鼠标左键,将其拖动到合适位置放开即可。

还有一种方法可以快速地调整显示顺序,具体操作如下:在时间线上方,选择转换图标,将故事板显示方式改变为缩略图显示方式,在此状态下拖动图片位置,可以很方便地改变顺序。完成排序后,单击转换图标,将缩略图显示方式转换回故事板显示方式。

注意:导入图片的尺寸最好事先用图形、图像编辑软件处理好,这样在制作电子相册时

第 5 章　电子相册的制作

才能直接调用。数码故事2008也提供了一些简单的图片剪裁功能,但比起专业的图形、图像编辑软件就差多了。具体操作如下:在故事板或时间线上,双击要修改的图片,打开编辑图片对话框,在右侧【编辑图片】菜单中选择【剪裁图片】,接着在出现的【剪裁比例】菜单中,选择【比例类型】为4∶3,此时左侧显示窗口中会显示相应的蓝色的剪裁窗口,如图5-30所示。此时,利用鼠标可移动窗口位置、改变窗口大小,选择合适的剪裁窗口后,单击【确定】按钮。然后,左侧窗口中会显示出剪裁后图片的效果。如果剪裁不合适,单击对话框右上角的【还原】图标,重新设定窗口;如果剪裁合适,则单击【保存】图标,然后退出。

图 5-30　编辑图片

3. 选择镜头效果

数码故事 2008 提供了对每个镜头的运动效果进行设置的功能,可以使静态的图片具有动感,如果能将图片的构图与镜头的运动效果有机地结合起来,可以创作出独特的艺术效果。在幻灯片界面中,单击显示窗口右侧左拉菜单,会出现【选择镜头效果】对话框,如图5-31所示。

在这个对话框中,可以设定每张图片的镜头运动效果,在下拉菜单中选择一种效果,单击【应用】按钮就可将这种效果应用于该图片。如果需要,单击【应用所有】按钮也可应用到所有图片。

在对话框下部,有一个【时长】选项框,可以设置每张图片显示的时长。设定时长后,需要选择应用的方式,单击【应用】按钮,该时长设定只应用于该图片,单击【应用所有】按

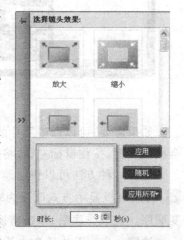

图 5-31　选择镜头效果

钮,该时长设定应用于导入的所有图片。

设置完成后,在时间线上单击选中第一张图片,在显示窗口单击【播放】按钮,就可以看到图片的运动效果。

4. 设置转场效果

前面提到过,图 5-29 中的转场效果是计算机随机设定的,也可以根据需要进行修改。在时间线上,两张图片之间显示的就是这两张图片之间的转场效果图标。单击这个图标会出现【转场效果】对话框,如图 5-32 所示。

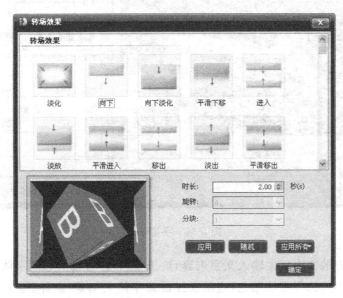

图 5-32　设置转场效果

在【转场效果】列表框中可选择转场效果。单击选中某种效果,此时左下角的图框中会显示转场效果。在这个对话框中,还可以设定转场时长、转场效果的旋转方向和分块效果。同样需要选择相关的设定是应用于当前该图片或随机应用,还是应用于所有图片。

5. 添加字幕

添加字幕功能是数码故事 2008 提供的很有特色的功能。在界面右下方选择时间线状态,可以看到视频轨迹(Video Track)上方由两条 T 轨道,这就是用来添加字幕的轨道,如图 5-33 所示。

图 5-33　时间线上的轨道

首先要在视频轨迹上选中要添加字幕的图片,然后双击一个 T 轨迹或在时间线左上方选择 T,会出现【字幕编辑】对话框,如图 5-34 所示,在这里可以进行字幕编辑。

图 5-34　字幕编辑

可以在右上方的文本框内输入文字内容,这里输入"体育场"。在【字体】下拉列表框中,可以设定字体、字号,选择字的颜色,这里选择设置字体为加重、斜体、带下划线。在【效果】选项区域,在【动作】下拉列表框中可分别设置字幕进入、强调和退出 3 种状态下的属性,属性包括类型、时长和方向。

此时,在左边的显示框中会显示字幕的效果,在字幕处按住鼠标左键拖动可改变字幕的位置。单击【播放】按钮,可以看到字幕的播放效果。单击【确定】按钮退出字幕编辑。

此时,在时间线的 T 轨上可以看到相应的图标,前后两个 T 分别代表进入和退出状态,中间代表强调状态,如图 5-35 所示。

图 5-35　添加字幕后的 T 轨

在这里还可以分别对字幕进入、强调和退出状态的时长进行调整,具体操作如下:将鼠标移至要调整的位置,会出现双向箭头,按住鼠标左键并拖动就可以改变时长。同理,也可以调整字幕时长,使其覆盖多个图片。如图 5-36 所示,"体育场"这个字幕,就覆盖了两个图片。依此可以给其他图片添加字幕。

图 5-36　在时间线 T 轨上修改字幕长度

6．添加背景音乐和解说

给编辑完的图片加上音乐或解说也是非常必要的。在时间线上，可以看到有两条音乐轨道和一个话筒轨道分别用来添加背景音乐和解说，如图 5-33 所示。

双击一个音乐轨道，会出现【打开】对话框，在对话框中选择一个合适的音频文件，单击【打开】按钮。此时，如图 5-37 所示，在音轨上会显示出该音频文件，但此时音乐长于画面，需要进行进一步的编辑。

图 5-37　在音乐轨上添加音乐文件

在该轨道上右击，在弹出的快捷菜单中选择【编辑音乐】命令，会出现【音乐编辑】对话框，在这里可以重复播放该段音乐，然后选择合适的段落作为背景音乐，如图 5-38 所示。具体操作如下：播放音乐至段落开始处时，单击【暂停】按钮，将鼠标移至左侧剪刀标记处，按住鼠标左键，拖动该标记至段落开始处；同理，可选择段落结束处，将右侧剪刀标记移过来。这里还要注意将【渐入】、【渐出】复选框选中，这样音乐的进入和退出就能有渐变的效果。音乐编辑确认后单击【确定】按钮退出。

图 5-38　编辑背景音乐

为了让音乐长度与图片长度一致，可以在时间线的音轨上进行一些调整。将鼠标移至音乐结尾处，会出现双向箭头，按住鼠标左键并向左拖动，使音乐长度与图片长度一致，如图 5-39 所示。

如果需要，还可以给图片添加解说词，具体操作如下：双击时间线上的话筒轨道，会出

图 5-39　在时间线上调整音乐长度

现【录音】对话框,如图 5-40 所示。在该对话框中设定标题名称,指定音频文件存储文件夹,然后单击【录制】按钮,就可以进行录音。录音完毕,单击【确定】按钮退出。此时时间线话筒轨上会显示该文件。

注意：录制声音时,要正确选择计算机系统的声音设置,这部分内容在 2.2.2 节中有介绍。

7. 菜单制作

有过 VCD 或 DVD 光盘制作经验的都会知道,制作 VCD 或 DVD 还需要设置菜单,以便有多个段落时可以选择浏览,而不需要从头看到尾,数码故事也具有这样的功能。下面来学习如何制作菜单。

图 5-40　录制解说词

在主界面上单击【菜单】按钮,会出现菜单制作界面,如图 5-41 所示。在这个界面的左侧显示了系统预设的菜单模板,单击【种类】下拉菜单,可以看到这些模板。从中选择一个喜欢的模板并双击,这时右侧显示窗中会显示其效果。

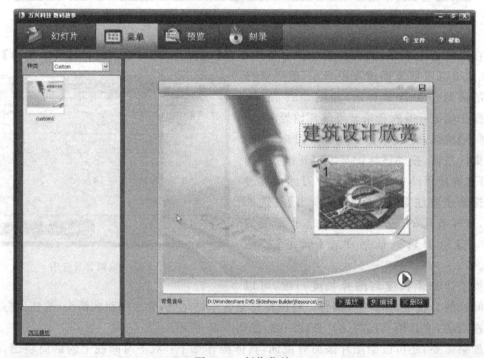

图 5-41　制作菜单

双击文字,可以给菜单添加需要的文字;单击文字,会出现【属性】对话框,在这里可以设置字体、字号、字色等参数。单击相框,可以调整相框的位置及大小;双击相框,可以选择不同种类的相框。单击【播放】按钮,可调整按钮的位置和尺寸;双击【播放】按钮,可以选择不同种类的按钮样式。在显示窗口底部,还可以选择不同的背景音乐,并可对该音乐进行播放、编辑、删除等操作。制作完成后,单击显示窗口右上角的【保存】图标。

8. 预览

菜单制作完成后,可以单击【预览】按钮来完整预览你制作的幻灯片项目。如图5-42所示,这里显示的是菜单页。如果有多页菜单,可以用【上一页】按钮和【下一页】按钮来切换页面,也可以直接点击数字键播放制作的幻灯片。

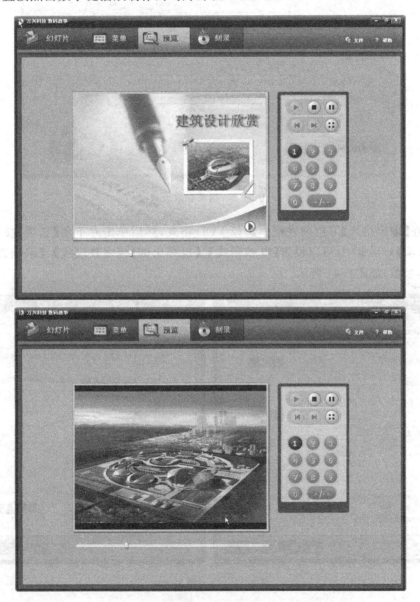

图 5-42　预览菜单和相册

9. 刻录光盘

最后，需要把制作的相册刻录成光盘。单击【刻录】按钮，会出现如图 5-43 所示的对话框。在这个对话框中可选择输出格式，这里提供了 DVD、HDVD、VCD、MPEG-1、MPEG-2、AVI、MPEG4 等多种格式。对应不同的输出格式，还需要完成相应参数的设置。

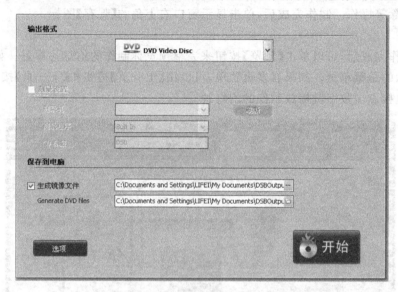

图 5-43 刻录参数设置

这里在【输出格式】下拉列表框中选择 VCD 格式，然后单击左下角【选项】按钮，在出现的【输出选项】对话框中，可以设置【电视制式】、【视频比例】、【播放模式】、【编码选项】和【视频质量】等参数，如图 5-44 所示。

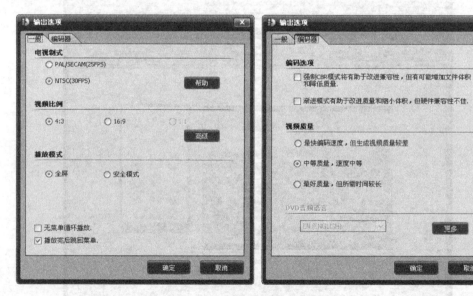

图 5-44 设置输出选项

设置完成后，单击【开始】按钮就可以进行刻录过程，这个过程需要的时间较长。

5.3　3D-Album-CS

3D-Album-CS声影制作家是一套独具特色的3D影像多媒体工具软件,它提供了上百种精彩的3D动态展示效果供使用者选择,使用者不需花费时间自己设计界面,就能很方便地制作出高质量高水平的作品。

5.3.1　3D-Album-CS 窗口介绍

启动 3D-Album-CS 将出现如图 5-45 所示的画面,从中可以看到 3D-Album-CS 窗口的各个组成部分。

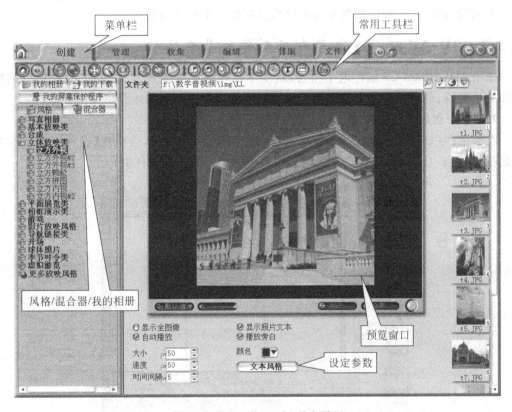

图 5-45　3D-Album-CS 的主界面

菜单栏:包括创建、管理、收集、编辑、排版和文件转换 6 大功能。单击各按钮可进入相应的功能界面。

常用工具栏:根据选择的不同菜单功能,这里列出了相应的常用操作工具。图 5-45 中显示的是创建功能下的常用操作工具。

【风格】|【混合器】|【我的相册】:包括风格、混合器、我的相册、我的下载、我的屏幕保护程序 5 大功能,单击不同的功能钮可进入相应的功能界面。

- 在【风格】功能下,包含了不同风格的相册展示方式,可以根据自己的喜好选择。
- 在【混合器】功能下,包含了多种混合方式,可以将多个独立展示风格以串联的播放方式展示作品。
- 在【我的相册】功能下，包含了所有已制作完成的相册，可以在这里浏览、修改、编辑已经完成的作品。
- 在【我的屏幕保护程序】功能下，包含了所有已制作完成的屏幕保护程序，可以在这里浏览、修改、编辑已经完成的作品。
- 在【我的下载】功能下，包含了所有下载的相册，在这里可以预览或删除已下载的展示风格。

预览窗口：在这里可以预览所用功能下的作品。

设定参数：针对不同的展示风格会有不同的参数设定，这里给使用者提供根据喜好设定参数的功能。

下面就来看一下，如何用简易的办法快速制作一个电子相册。

5.3.2 3D-Album-CS 电子相册制作的基本流程

采用 3D-Album-CS 制作电子相册，其基本流程包括创建图片文件夹、设置相册风格、添加音乐解说、确定相册输出格式和生成视频文件环节。下面具体介绍操作步骤。

1. 选择/创建图片文件夹

在菜单栏中选择【创建】功能，在预览窗口上方单击 按钮，会出现【选择相册文件夹】对话框，如图 5-46 所示，在这里选择要制作相册的图片所在的文件夹。

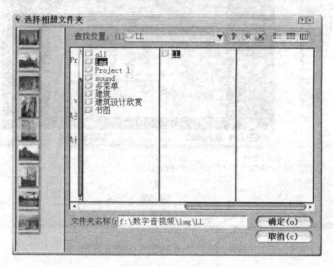

图 5-46　在选择相册文件夹对话框中选择图片

单击【确定】按钮，选择的图片的缩略图片将会出现在预览窗口右侧，这些图片就是相册的内容了，如图 5-47 所示。如果想改变图片播放的顺序，可以用拖曳的方式来调整图片的位置。

如果没有合适的文件夹，可以创建一个新的文件夹来存放制作相册的图片。具体操作如下：在预览窗口上方单击 按钮，会出现【选择相册文件夹】对话框；在该对话框中选择合适的路径，单击 按钮创建一个新的文件夹 New Folder，如图 5-48 所示。有了这个新文件夹，还要将所需的图片收集进来。单击【确定】按钮退出。

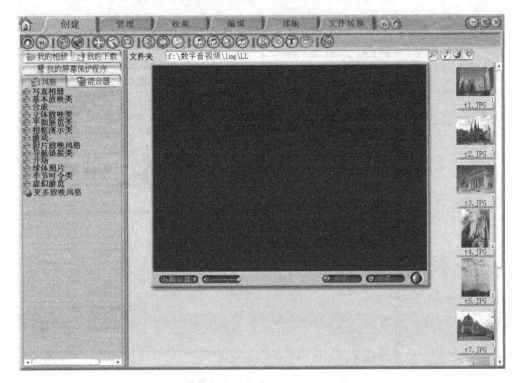

图 5-47 选择图片

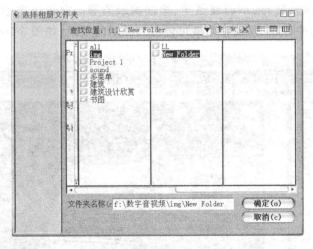

图 5-48 创建新文件夹

在菜单栏中单击【收集】按钮,进入收集功能界面,如图 5-49 所示。在界面中间区域【源文件夹】中选择路径及文件夹,右侧会显示出该文件夹中的图片文件。根据需要选择图片,将其拖入下方的收集区域内。依次可将需要的图片收集到文件夹中。同样,在收集区域中,可以用拖曳的方式改变图片的位置,从而改变图片的播放顺序。

2. 设置相册风格

在菜单栏中单击【创建】按钮,进入创建功能界面,在左侧【风格】|【混合器】|【我的相册】区域,单击【风格】按钮,这里会列出 3D-Album-CS 能提供的所有相册风格,包括写真相

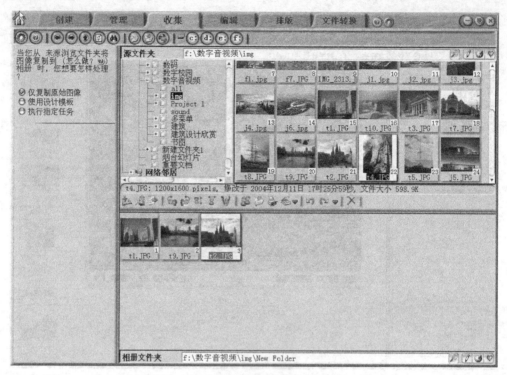

图 5-49　将图片收集到新文件夹中

册、基本放映类、立体放映类、平面展览类、相框演示类等。在每个类型中还有若干风格类型,单击选中其中的一种,在预览窗口就可以看到演示的效果,如图 5-50 所示。

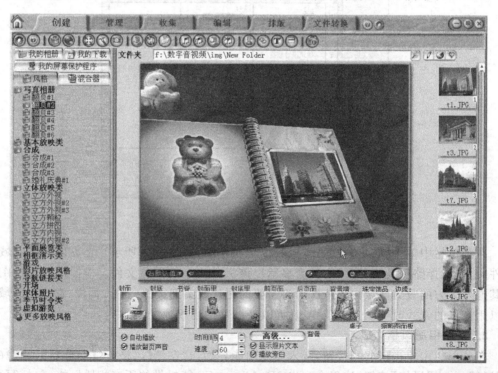

图 5-50　设置相册风格

图 5-51 中显示了不同类型的相册风格,有平面展览类/飘飘欲仙 2、导航链接类/开门见面 2、导航链接类/悠悠行空和相框类/旋转画架等。

(a) 平面展览类/飘飘欲仙2

(b) 导航链接类/开门见面2

(c) 导航链接类/悠悠行空

(d) 相框类/旋转画架

图 5-51　不同类型的相册风格

大家可能注意到,每选中一种风格时,预览窗口下方都会出现不同的参数设置,通过设置这些参数可以改变某种风格的具体细节。例如:选择相册风格类型为导航链接类/开门见面 2,此时预览窗口会出现如图 5-52 所示的画面。在设定参数区域,可以选择设定相框、墙壁、地板、天花板、列的背景图案,设定地面反射度,设定画框旋转的速度以及是否显示支柱、编辑标题等内容。

3. 添加背景音乐

相册风格确定后,还可以给相册添加背景音乐。在【创建】菜单的常用工具栏中,单击【选择背景音乐】按钮♪,会出现【选择背景音乐】对话框,如图 5-53 所示。在该对话框中,根据需要选择文件夹中的一个或多个音乐文件,这时在对话框的右侧会显示该文件的信息。单击【播放】按钮,可以预听该段音乐,确认后,单击【确定】按钮完成背景音乐的添加。

如果选择了多个音乐文件,单击常用工具栏中的【为背景声音排序】按钮♪,可以实现对多个音乐的排序。如果需要删除某段背景音乐,单击常用工具栏中的【删除背景音乐】按钮♪即可,如图 5-54 所示。

图 5-52　设定参数

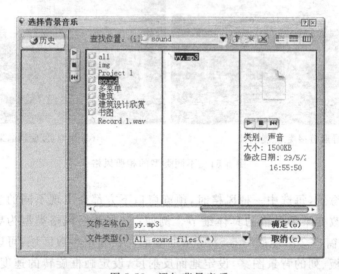

图 5-53　添加背景音乐

图 5-54　排序、删除背景音乐

4. 确定相册输出格式

　　相册制作完成后，单击预览窗口底部的【制作】按钮 ，会出现【创建相册放映】对话框，如图 5-55 所示。

　　在【选择应用类型】列表中，列出了 6 种输出格式供选择，包括独立应用程序、屏幕保护

图 5-55 确定相册输出格式

程序、激活演示的 HTML 首页、ZIP 文件、EXE 文件、屏幕保护发行软件包,根据需要选择其中的一种,确定相册的输出格式。在【选项】列表中,提供了 4 个选项可供选择,根据需要选中相应的设置。在对话框的下方,还需要选择存放应用程序的文件夹,选择应用程序界面的形式以及加密设置等。

这里选择【制作独立应用程序】,选中【将所有照片图像复制到应用程序】,选择存放应用程序的文件夹为 c:\My-3D-Album\Album1,应用程序界面选择【全屏模式】。单击【制作】按钮,完成后续操作。

5. 生成视频文件

到此,已经完成了一个具有独立应用程序格式的相册作品,这个作品只能在计算机中带有 3D-Album 程序的环境中浏览。要想在普通通用环境中浏览,还需要将其转换成视频文件。

单击菜单栏中的【文件转换】按钮,进入文件转换功能界面,如图 5-56 所示。

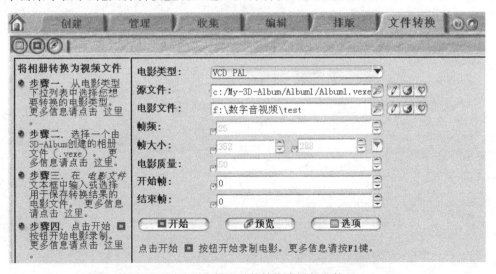

图 5-56 将相册文件转换成视频文件

界面左侧显示了将相册转换为视频文件的步骤，根据此步骤可完成文件转换。具体操作如下：

（1）在【电影类型】下拉菜单中选择需要转换成的电影类型，包括 MPEG、AVI、VCD、SVCD、DVD 等格式。

（2）在【源文件】选项框中选择需要转换的源文件。

（3）在【电影文件】选项框中，确定转换后电影文件存放的路径及名称。

（4）确定帧频、画面尺寸、电影质量、开始帧、结束帧等参数。

（5）单击【开始】按钮，开始转换。一般情况，转换过程时间较长，需耐心等待。

转换完成后，我们可以在相应的文件夹中选择该文件，观看其播放效果。到此，我们就完成了一个简单的电子相册的制作。3D-Album-CS 还具备许多强大的功能，包括图片管理、收集、编辑、排版等，这里不做详细介绍。

本 章 小 结

本章主要介绍了 Photofamily 3.0、数码故事 2008 和 3D-Album-CS 3 款电子相册制作软件。这 3 款软件各具特点、风格不同，大家可以根据自己的喜好，选择适合的软件使用。这 3 款软件的制作步骤虽有不同，但从中可以领略到电子相册制作的全貌。有了这些软件的操作经验，相信再使用其他类似的软件也可以得心应手。

第 6 章 网上流媒体制作

随着网络技术、多媒体技术、通信技术的发展,目前在互联网上可以传送的内容越来越多,像电影、歌曲、动画等多种媒体都可以在网上传送。这些功能的实现得益于流媒体技术的发展,借助于流媒体技术,传统概念中原本容量大、传输速度很慢的音视频、动画等多媒体文件,也可以在网上实时播放。下面我们就来学习如何在网上完成流媒体的制作。

6.1 流媒体技术概述

6.1.1 流媒体概述

流媒体的英文为 Streaming Media,它是一种可以使音频、视频和其他多媒体文件能在网上以实时的、无须下载等待的方式进行播放的技术。

流媒体的传输方式是将整个音视频等多媒体文件经过特殊的压缩方式分成一个个压缩包,由视频服务器向用户计算机连续、实时传送。在采用流式传输方式的系统中,用户一边下载,一边观看、收听,不必等到下载整个文件后再观看。

整个过程的实现涉及流媒体数据的采集、压缩、存储、传输以及网络通信等多项技术。流媒体对网络带宽也有一定的要求,当网络带宽低于流媒体带宽时或网络堵塞时会造成图像和声音的停顿和不连贯。为了达到流畅的效果,通常都会采用压缩编码工具对音频和视频进行压缩编码。在影音品质可以接受的范围内,降低其品质以减小文件,保证流媒体传播的顺畅。再者,流媒体传输的实现需要缓存,因为 Internet 是以包传输为基础进行断续的异步传输。数据在传输中要被分解为许多包,由于网络是动态变化的,各个包选择的路由可能不尽相同,故到达客户端的时间延迟也就不等。为此,使用缓存技术来弥补延迟和抖动的影响,并保证数据包顺序的正确性,从而使媒体数据能连续输出,而不会因网络暂时拥塞使播放出现停顿的现象。

6.1.2 流媒体系统的组成

一般而言,流媒体系统的组成应包括音/视频编码器、存储器、流媒体服务器、流媒体传输网络、客户端播放器 5 个部分,如图 6-1 所示。原始音/视频信号经过编码和压缩后,形成流媒体文件保存在存储器内,媒体服务器根据用户的请求把流媒体文件传递到客户端的媒体播放器上播放。

各部分功能如下:

编码器:用于对音、视频等源信号进行压缩、编码,形成流媒体格式文件。

▶▶ 数字音视频资源的设计与制作

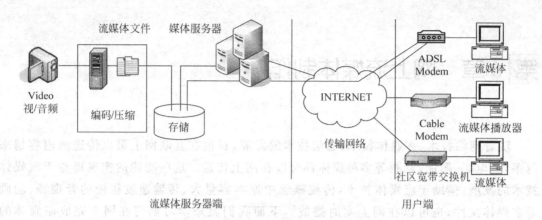

图 6-1 流媒体系统的组成

存储器：用于保存流媒体文件。
流媒体服务器：用于管理并传送流媒体文件内容。
流媒体传输网络：用于传送流媒体文件。
播放器：供客户端浏览流媒体文件。

6.1.3 流媒体的传输方式

在网络上传输音/视频等多媒体信息目前主要有下载和流式传输两种方案。A/V 文件一般都较大，所以需要的存储容量也较大；同时由于网络带宽的限制，下载常常要花数分钟甚至数小时，所以这种处理方法延迟也很大。流式传输时，声音、影像或动画等时基媒体由音视频服务器向用户计算机连续、实时传送，用户不必等到整个文件全部下载完毕，而只需经过几秒或十数秒的启动延时即可进行观看。当声音等时基媒体在客户机上播放时，文件的剩余部分将在后台从服务器内继续下载。流式不仅使启动延时缩短到原来的几十分之一、几百分之一，而且不需要太大的缓存容量。流式传输避免了用户必须等待整个文件全部从 Internet 上下载完才能观看的缺点。

流式传输定义很广泛，现在主要指通过网络传送媒体（如视频、音频）的技术总称。其特定含义为通过 Internet 将影视节目传送到 PC。实现流式传输有两种方法：实时流式传输（Realtime Streaming）和顺序流式传输（Progressive Streaming）。一般说来，如视频为实时广播，使用流式传输媒体服务器，或应用如 RTSP 的实时协议，即为实时流式传输。如使用 HTTP 服务器，文件即通过顺序流发送。当然，流式文件也支持在重放前完全下载到硬盘。

1. 顺序流式传输

顺序流式传输是顺序下载，在下载文件的同时用户可观看在线媒体。在给定时刻，用户只能观看已下载的那部分，而不能跳到还未下载的部分，顺序流式传输不像实时流式传输那样在传输期间可根据用户连接的速度做调整。

由于标准的 HTTP 服务器可发送这种形式的文件，也不需要其他特殊协议，它经常被称作 HTTP 流式传输。顺序流式传输比较适合高质量的短片段，如片头、片尾和广告，由于该文件在重放前观看的部分是无损下载的，这种方法保证电影重放的最终质量。这意味着用户在观看前，必须经历延迟，对较慢的连接尤其如此。

顺序流式文件一般放在标准 HTTP 或 FTP 服务器上,易于管理,基本上与防火墙无关。顺序流式传输不适合长片段和有随机访问要求的视频,如讲座、演说与演示。它也不支持现场广播,严格说来,它是一种点播技术。

2. 实时流式传输

实时流式传输能保证媒体信号的带宽与网络连接匹配,媒体内容可以被实时观看到。实时流与 HTTP 流式传输不同,它需要专用的流媒体服务器与传输协议。实时流式传输总是实时传送,特别适合现场事件,也支持随机访问,用户可快进或后退以观看前面或后面的内容。理论上,实时流一经重放就不可停止,但实际上,可能发生周期暂停。

实时流式传输必须匹配连接带宽,这意味着在以调制解调器的速度连接时图像质量较差。而且由于出错丢失的信息被忽略掉,网络拥挤或出现问题时,视频质量很差。如果想保证视频质量,顺序流式传输也许更好。

实时流式传输需要特定的服务器,如 QuickTime Streaming Server、RealServer 与 Windows Media Server。这些服务器允许你对媒体发送进行更多级别的控制,因而系统的设置、管理比标准 HTTP 服务器更复杂。实时流式传输还需要特殊网络协议,如 RTSP (Realtime Streaming Protocol)或 MMS(Microsoft Media Server)。这些协议在有防火墙时会出现问题,导致用户不能看到某些实时内容。

6.1.4 流媒体的传输协议

流式传输的实现需要合适的传输协议。目前支持流媒体传输的网络协议有 TCP、UDP、HTP、RTP、RTCP、RSP、RRP 等。

1. 传输控制协议(TCP)

传输控制协议(Transmission Control Protocol,TCP):TCP/IP 是网络的主要协议之一。TCP 在两个用户之间建立数据的顺序交换连接。TCP 协议中包含专门的传递保证机制,当数据接收方收到发送方传来的信息时,会自动向发送方发出确认信息,发送方只有在接收到该确认信息后才继续传送其他信息,否则将一直等待直到收到确认信息为止。这将在实际执行中占用大量的系统资源,使速度受到严重影响。

2. 用户数据报协议(UDP)

用户数据报协议(User's Datagram Protocol,UDP)的主要作用在于将网络数据流量压缩成数据报的形式,一个典型的数据报就是一个二进制数据传输单位。与 TCP 协议不同,UDP 协议并不提供数据传送的保证机制,但却具有 TCP 协议望尘莫及的速度优势。

3. 超文本传输协议(HTP)

超文本传输协议(Hypertext Transfer Protocol,HTP)用于从 WWW 服务器传输超文本到本地浏览器。它不仅保证计算机正确快速地传输超文本文档,还确定传输文档中的哪一个内容首先显示(如文本先于图形)等。

4. 实时传输协议(RTP)

实时传输协议(Realtime Transport Protocol,RTP)是互联网上针对多媒体数据流的一种传输协议。RTP 被定义为在一对一或一对多的传输情况下工作,其目的是提供时间信息和实现流同步。

5. 实时传输控制协议（RTCP）

实时传输控制协议（Realtime Transport Control Protocol，RTCP）和 RTP 一起提供流量控制与拥塞控制的服务。

6. 实时流协议（RSP）

实时流协议（Realtime Streaming Protocol，RSP）定义了一对多的应用程序如何有效地通过 IP 网络传送多媒体数据。

7. 资源预订协议（RRP）

由于音频、视频数据流比传统数据对网络的延时更敏感，要在网络中传输高质量的音频、视频信息，除带宽要求之外，还需其他更多的条件。资源预订协议（Resource Reserve Protocol，RRP）是正在开发的 Internet 上的资源预订协议，使用 RRP 可以预留一部分网络资源（即带宽）。

由于 TCP 需要较多的资源，故不太适合传输实时数据。在流式传输的实现方案中，一般采用 HTTP/TCP 来传输控制信息，而用 RTP/UDP 来传输实时声音数据。

6.1.5 流媒体的传输过程

流式传输的过程一般是这样的（如图 6-2 所示）：用户选择某一流媒体服务后，Web 浏览器与 Web 服务器之间使用 HTTP/TCP 交换控制信息，以便把需要传输的实时数据从原始信息中检索出来；然后客户机上的 Web 浏览器启动 A/V Helper 程序，使用 HTTP 从 Web 服务器检索相关参数对 Helper 程序初始化。这些参数可能包括目录信息、A/V 数据的编码类型或与 A/V 检索相关的服务器地址。

图 6-2 流式传输基本原理

A/V Helper 程序和 A/V 服务器运行实时流控制协议（RTSP），以交换 A/V 传输所需的控制信息。与 CD 播放机或 VCRs 所提供的功能相似，RTSP 提供了操纵播放、快进、快倒、暂停及录制等命令的方法。A/V 服务器使用 RTP/UDP 协议将 A/V 数据传输给 A/V 客户程序（一般可认为客户程序等同于 Helper 程序），一旦 A/V 数据抵达客户端，A/V 客户程序即可播放输出。

需要说明的是，在流式传输中，使用 RTP/UDP 和 RTSP/TCP 两种不同的通信协议与 A/V 服务器建立联系，是为了能够把服务器的输出重定向到一个不同于运行 A/V Helper 程序所在客户机的目的地址。实现流式传输一般都需要专用服务器和播放器。

6.1.6 流媒体的播放方式

流媒体主要的播放方式有单播、组播、点播与广播 4 种，它们之间可以组合为点播单播、广播单播及广播组播等多种播放方式。

1. 单播(Single Cast)

在客户端与媒体服务器之间需要建立一个单独的数据通道,从一台服务器送出的每个数据包只能传送给一个客户机,这种传送方式称为单播,如图 6-3 所示。每个用户必须分别对媒体服务器发送单独的查询,而媒体服务器必须向每个用户发送所申请的数据包拷贝。这种巨大冗余首先造成服务器沉重的负担,响应需要很长时间,甚至停止播放;管理人员也被迫购买硬件和带宽来保证一定的服务质量。

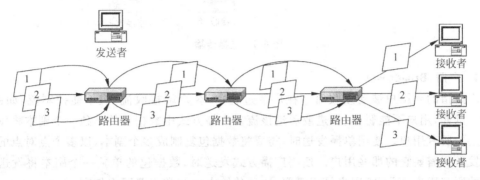

图 6-3 单播传输

2. 组播(Multicast)

IP 组播技术构建一种具有组播能力的网络,允许路由器一次将数据包复制到多个通道上,如图 6-4 所示。采用组播方式,单台服务器能够对几十万台客户机同时发送连续数据流而无延时。媒体服务器只需要发送一个信息包,而不是多个;所有发出请求的客户端共享同一信息包。信息可以发送到任意地址的客户机,以减少网络上传输的信息包的总量。网络利用效率大大提高,成本大为下降。

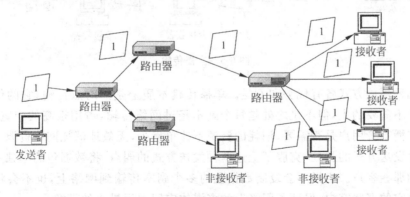

图 6-4 组播传输

3. 点播(Uni-cast)

点播连接是客户端与服务器之间的主动连接。在点播连接中,用户通过选择内容项目来初始化客户端连接,如图 6-5 所示。用户可以开始、停止、后退、快进或暂停流。点播连接提供了对流的最大控制,但由于每个客户端都各自连接服务器,所以这种方式会迅速用完网络带宽。

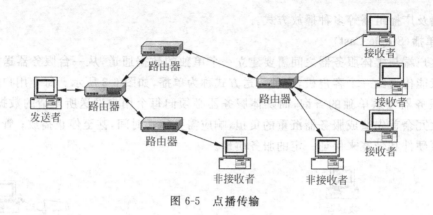

图 6-5 点播传输

4. 广播（Broadcast）

广播指的是用户被动接收流。在广播过程中，客户端接收流，但不能控制流，如图 6-6 所示。例如，用户不能暂停、快进或后退该流。广播方式中数据包的单独一个副本将发送给网络上的所有用户。使用单播发送时，需要将数据包复制成多个副本，以多个点对点的方式分别发送到需要它的那些用户。使用广播方式发送时，数据包的单独一个副本将发送给网络上的所有用户，而不管用户是否需要，这种传输方式非常浪费网络带宽。

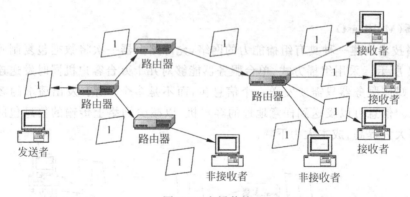

图 6-6 广播传输

以上几种播放方式各有优势和不足。单播传输本质上是点对点传输，它的优势是避免发送数据给不需要的人，但不足之处是每个副本经过网络传输，占用很高的带宽和资源，效率极低。广播不管用户是否需要，消耗的资源不比单播少，无效地消耗网络资源。组播吸收了上述两种发送方式的长处，克服了上述两种发送方式的弱点，将数据包的单独一个副本发送给需要的那些客户。组播不会复制数据包的多个副本传输到网络上，也不会将数据包发送给不需要它的那些客户，保证了网络上的多媒体应用占用最小的带宽。

6.1.7 流媒体文件格式

到目前为止，网上使用较多的流媒体格式主要有 Real Networks 公司的 Real System、Apple 公司的 QuickTime 和 Microsoft 公司的 Microsoft Media Technology。

1. Real System

Real Networks 公司的 Real System 由媒体内容制作工具 Real Producer、服务器端

Real Server、客户端软件(Client Software)组成,其流媒体文件包括 Real Audio、Real Video、Real Presentation 和 Real Flash。其中 Real Audio 用来传输接近 CD 音质的音频数据,Real Video 用来传输不间断的视频数据,Real Flash 是一种高压缩比的动画格式,Real Presentation 可以将 PPT 文件转换成流媒体。

Real Audio 和 Real Video 中所采用的自适应流(Sure Stream)技术是 Real Networks 公司具有代表性的技术,可自动并持续地调整数据流的流量以适应实际应用中的各种不同网络带宽需求,轻松地在网上实现视、音频和三维动画的回放。

Real 格式具有极高的压缩比和很好的传输能力,其流式文件采用 Real Producer 软件进行制作,将源文件或实时输入变为流式文件,再把流式文件传输到服务器上供用户点播。服务器端软件为 Real Server,具有网络管理功能,支持广泛的媒体格式与流媒体商业模式。

客户端播放器为 Real Player,是一个客户端的下载和播放工具,支持众多多媒体文件的播放。除了支持 RealNetworks 自己的流文件(*.rm、*.ra、*.ram、*.rp、*.rt)播放外,还支持众多的其他媒体格式,如 *.GIF、*.JPG、*.MP3、*.SWF、*.SMIL、*.MPG、*.WAV、*.MOV、*.AVI、*.ASF、*.MID 等。

由于其成熟、稳定的技术性能,国外互联网上很多公司和网上主要电台都使用 Real System 向世界各地传送实时影音媒体信息以及实时的音乐广播。在我国,大量的影视、音乐点播和文艺晚会的网上直播都采用了 Real System 系统。

2. Microsoft Media Technology

Microsoft 公司的 Windows Media Technology 的核心是 ASF(Advanced Stream Format)。ASF 是一种包含音频、视频、图像以及控制命令、脚本等多媒体信息在内的数据格式,通过分成一个个的网络数据包在 Internet 上传输,实现流式多媒体内容发布。ASF 支持任意的压缩/解压缩编码方式,并可以使用任何一种底层网络传输协议,具有很大的灵活性。

Microsoft 公司也有一整套包括流媒体制作(Media Tools)、发布(Media Server)和播放软件(Media Player)的信息流式播放方案 Microsoft Media Technology。

Media Tools 提供了一系列的工具帮助用户生成 ASF 格式的多媒体流(包括实时生成的多媒体流),它是整个方案的重要组成部分,分为创建工具和编辑工具两种,创建工具主要用于生成 ASF 格式的多媒体流,包括 Media Encoder、Media Author、Media Presenter、Vid To ASF、Wav To ASF 等工具;编辑工具主要对 ASF 格式的多媒体流信息进行编辑与管理,包括后期制作编辑工具 ASF Indexer、ASF Chop 以及对 ASF 流进行检查并改正错误的 ASF Check。

Media Server 可以保证文件的保密性,保证其不被下载,并使每个使用者都能以最佳的影片品质浏览网页,具有多种文件发布形式和监控管理功能。

Windows Media Player 是 Microsoft 公司推出的通用媒体播放器,可用于接收音频、视频和目前较流行的多种混合格式媒体文件,支持流媒体、在线聆听、观看实时新闻等。其支持的格式几乎包括除 Real System 以外的所有媒体格式,包括 *.asf、*.asx、*.avi、*.wav、*.mpg、*.mid、*.cda 等。

Microsoft 公司将上述技术捆绑在 Windows 2000 中,具有方便、先进、集成、低费用等特点。但目前在整体解决方案方面和 Real Networks 的软件相比还有差距,且只能在

Microsoft 平台上使用。

3. QuickTime

Apple 公司于 1991 年开始发布 QuickTime，它几乎支持所有主流的个人计算平台和各种格式的静态图像文件、视频和动画格式，是创建 3D 动画、实时效果、虚拟现实、A/V 和其他数字流媒体的重要基础。

QuickTime 包括服务器 QuickTime Streaming Server、带编辑功能的播放器 QuickTime Player、制作工具 QuickTime 4 Pro、图像浏览器 Picture Viewer 以及使 Internet 浏览器能够播放 QuickTime 影片的 QuickTime 插件。

QuickTime 4 支持两种类型的流：实时流和快速启动流。使用实时流的 QuickTime 影片必须从支持 QuickTime 流的服务器上播放，是真正意义上的流媒体，使用实时传输协议（RTP）来传输数据。快速启动影片可以从任何 Web Server 上播放，使用超文本传输协议（HTTP）或文件传输协议（FTP）来传输数据。

目前，国外许多机构都加入了 QuickTime 内容供应商行列，使用 QuickTime 技术制作实况转播节目。通过好莱坞影视城（www.hollywood.com）检索到的许多电影新片片段也都是以 QuickTime 格式存放的。

除了上述 3 种主要格式外，在多媒体课件和动画方面的流媒体技术还有 Macromedia 的 Shockwave 技术和 Meta Creation 公司的 Meta Stream 技术等，这里就不做介绍了。

6.2 常用流媒体制作软件

6.2.1 Windows Media 系列

Media Tools 是 Windows Media 系列中用于流媒体制作的一套软件，它提供了一系列的工具帮助用户生成 ASF 格式的多媒体流文件，分为创建工具和编辑工具两种，创建工具包括 Media Encoder、Media Author、Media Presenter、Vid To ASF、Wav To ASF 等工具；编辑工具包括后期制作编辑工具 ASF Indexer、ASF Chop 以及对 ASF 流进行检查并改正错误的 ASF Check。

1. Windows Media Encoder 9

Windows Media Encoder 的主要功能是转换实时和存储的视频和音频内容为 ASF 流文件，然后通过 Windows Media 服务器在网络中传送。Windows Media Encoder 9 除了提供文件格式转换和网络传送功能外，还提供了使用者自行录制影像的功能，可以从影像捕捉设备录制或从桌面捕获屏幕画面。

如图 6-7 所示是 Windows Media Encoder 9 的主界面，这里提供了 Encoder 的主要功能的使用向导，依照向导程序，可方便地完成相应的任务。

【广播实况事件】：通过安装在计算机上的设备捕获音频或视频，然后将这些内容进行实况广播。

【捕获音频或视频】：通过安装在计算机上的设备捕获音频或视频，然后将这些内容转换为 Windows Media 文件，以便日后进行分发。

【转换文件】：将音频或视频文件转换成 Windows Media 文件，以便日后进行分发。

【捕获屏幕】：捕获计算机屏幕上的图像，包括鼠标指针的移动。可以捕获整个屏幕、屏幕的一个区域或特定的窗口。

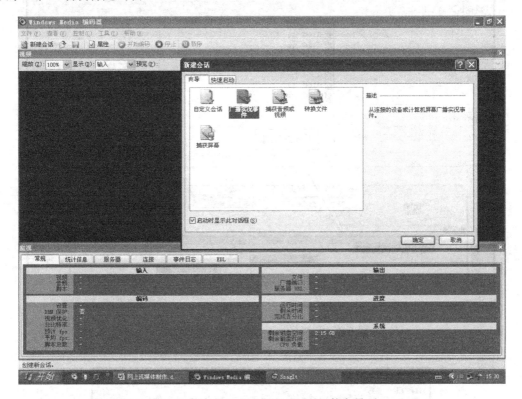

图 6-7　Windows Media Encoder 9 的主界面

2．Windows Media Author

Windows Media Author 用于装配、同步和压缩视频和图像文件为单一的.asf 文件。Windows Media Author 创建的内容称为"演示音频"，是一种类似声音曲目的幻灯演示。如图 6-8 所示，创建的内容以声音为主线，对应不同阶段的声音，配以不同的画面。Windows Media Author 也可新增脚本命令和 URL 到.asf 文件中。具体操作这里就不再展开介绍。

3．Windows Media ASF Indexer

Windows Media ASF Indexer 是一个用来对生成的.asf 格式的文件进行编辑的工具。利用该工具，我们可以编辑.asf 文件的开始和结束时间并将其编写为索引；可以为文件提供标记、属性；还可以利用它制作影片字幕，并在播放的过程中插入超级链接、调用文档等。

如图 6-9 所示是 ASF Index 的界面，显示窗口中显示的是.asf 视频流文件；属性 Properties 选项中包括 5 个选项，Title(标题)、Author(作者)、Copyright(版权)、Description (内容描述)、Rating(码流速率)；Mark In/Out Timeline 用于编辑 asf 文件的开始和结尾时间；Marker Timeline 用来标记 asf 文件中指向特定时间点的指针；Script Command Timeline 用来在 asf 文件的某个时刻添加脚本，以完成在播放 asf 视频流文件的同时进行的其他命令，如调用网页等。

数字音视频资源的设计与制作

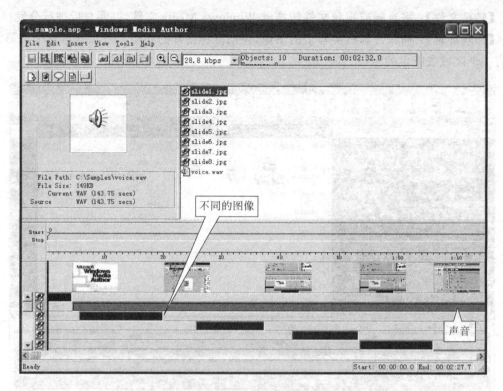

图 6-8　用 Media Author 创建"演示音频"

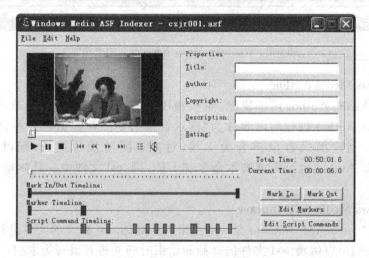

图 6-9　ASF Index 的界面

单击 Edit Markers 按钮,打开 Markers 对话框,如图 6-10 所示,在此可以添加、编辑、删除标记。

单击 Edit Script Commands 按钮,打开 Script Commands 对话框,如图 6-11 所示,在此可以添加、编辑、删除脚本命令。

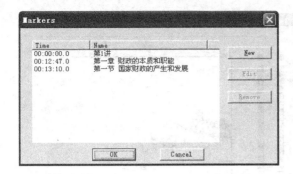
图 6-10 添加标记

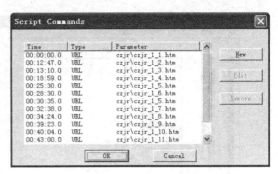
图 6-11 添加脚本

4. 其他常用工具

Windows Media Presenter(for Microsoft PowerPoint 97)是一个插件工具,能帮助实现 PowerPoint 与 asf 流媒体文件的同步。

Vid To ASF 和 Wav To ASF 是从服务器的命令行运行的转换实用工具。它们用于转换现有的声音和电影文件为 ASF 格式。

ASF Check 和 ASF Chop 是从服务器的命令行运行的文件实用工具。ASF Check 用于检验.asf 的格式,若可能的话也修复文件。ASF Chop 可用来向.asf 文件新增属性、标记、索引和脚本命令以及删除.asf 文件的时间字段。

6.2.2 Real 系列

1. Real Producer

Real Producer 与 Windows Media Encoder 在功能上是对应的,是生成 Real 文件的工具,可将某些格式的视、音频文件转换成 Real 文件。使用者可以很容易地创建流媒体文件、转换音/视频、直接从外部媒体设备录制,或者进行流媒体内容的实时广播。

在媒体格式文件转换方面,Real Producer 提供了适合初级用户使用的操作方式,用户只要选择需要转换的文件,然后设置相关参数,即可完成压缩转换操作,如图 6-12 所示。

与 Windows Media Encoder 相比,Real Producer 并没有将"广播实况事件"、"捕获音频或视频"、"转换文件"3 个功能单独分开,只是通过设置不同的输入方式(输入文件/设备)、输出目的地(输出到服务器/输出到本地文件)来实现这些功能。

2. Real Rresenter

Real Rresenter 是一款和 Windows Media Presenter for Microsoft PowerPoint 97 功能类似的工具,它的本质是把 PPT 文件通过同期录播的形式保存下来,适用于网络教学。教师可以控制录播的开始,然后一边讲课,一边翻页。REAL 将用 SMI 和分帧的形式将课程内容和老师的讲课声音记录下来并重现,更值得一提的是,它可以根据 PPT 内置的框架结构,划分整个记录过程的片断。也就是说,它可以根据 PPT 内置结构,把一节课分为:第一小节/第一段/第二段,第二小节……

其缺点是图像质量稍差,而导致这种结果的原因是其所采用的算法,因为采用了抖动的效果来优化图形,反而使得原本很清晰的字体边缘出现模糊。

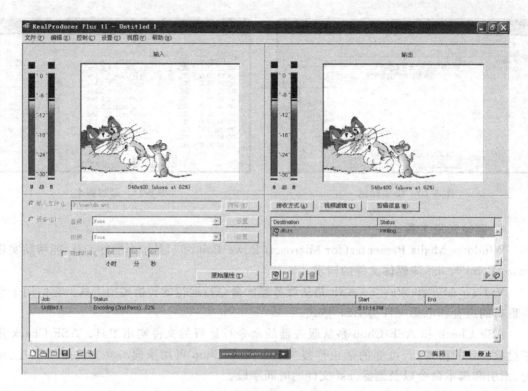

图 6-12 用 Real Producer 实现媒体格式文件转换

6.3 流媒体课件制作

前面介绍了一些常用的流媒体制作工具软件,这些软件的主要功能是进行流媒体格式转换,虽然有一些简单课件制作的功能,但缺乏实用性。

目前,制作流媒体课件的专用软件很多,但大都比较专业,需要硬件配合,不太适合个人使用。这里结合流媒体课件的制作,介绍一款简单、实用的制作软件——Camtasia Studio 5。

Camtasia Studio 5 是一款专门捕捉屏幕音视频的工具软件,利用该软件可以制作简单的教学课件。它能在任何颜色模式下轻松地记录屏幕动作,包括影像、音效、鼠标移动的轨迹、解说声音等。另外,它还具有及时播放和编辑压缩的功能,可对视频片段进行剪接、添加转场效果。它输出的文件格式很多,有 AVI、GIF、RM、WMV、MOV 等格式,并可将音视频文件打包成 EXE 文件。

6.3.1 Camtasia Studio 窗口介绍

启动 Camtasia Studio 5,将出现如图 6-13 所示的画面,从中可以看到 Camtasia Studio 5 窗口的各个组成部分。

菜单栏:包括文件、编辑、视图、播放、工具、帮助菜单,这里列出了该系统的主要功能。

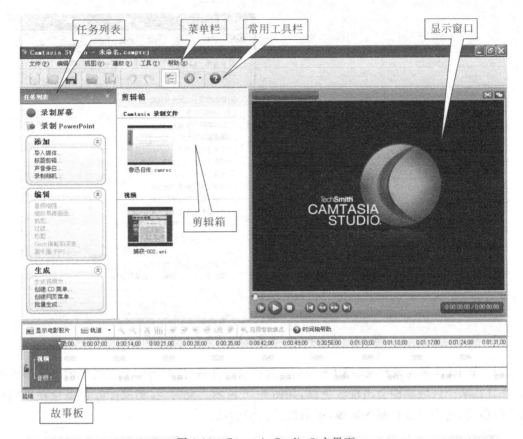

图 6-13 Camtasia Studio 5 主界面

常用工具栏：这里列出了系统的常用工具。

任务列表：列出了录制屏幕、录制 PowerPoint、添加、编辑、生成等任务。

剪辑箱：这里会显示需要剪辑的各类素材。

显示窗口：用来预览视频图像。

故事板：用于进行音视频的简单编辑。

6.3.2 录制屏幕

Camtasia Studio 5 的主要功能之一是可以对屏幕上的内容，包括文本、网页、音视频、动画等进行录制，实时地、动态地展现操作的内容。具体操作如下：

（1）选择需要录制的屏幕内容，例如：选择一个网页内容进行录制，打开 http://luxun.chinaspirit.net.cn/页面。

（2）打开 Camtasia Studio 5，在主界面的【任务列表】中，选择【录制屏幕】会出现【Camtasia 录像器】对话框，如图 6-14 所示，在这里可以进行录制屏幕的设置。在【设置】选项中，可以选择是否要录制【话筒】声音，是否选择【相机】功能等。在【工具】菜单栏中，选择【选项】会出现【工具选项】对话框，在【文件】选项区中，可以设定捕获的文件的格式为 Camrec 或 AVI，还可在【热键】选项卡中，设置开始或结束的热键等。

数字音视频资源的设计与制作

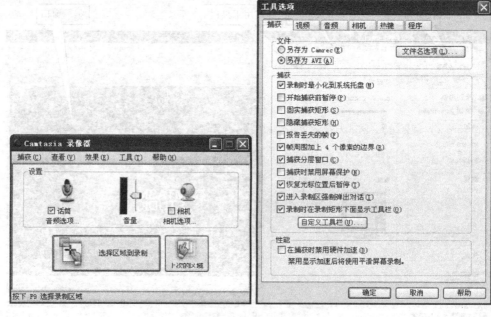

图 6-14 【Camtasia 录像器】对话框及相关设置

（3）单击【选择区域到录制】或按 F9 键选择录制区域，这时屏幕上会跳出前面选择的网页，并且在某个区域周围会出现红色框，如图 6-15 所示。此时，移动鼠标红色框会在不同区域之间移动，选中需要录制的区域，单击鼠标左键确认。

图 6-15 屏幕录制区域选择

（4）此时会弹出【Camtasia 录像器选择区域】对话框，如图 6-16 所示。单击红色录制按钮，即可开始录制。

图 6-16　Camtasia 录像器选择区域对话框

（5）此时，相应的录制区域周围四角会闪烁，提示录制开始。在此区域内进行操作，操作过程即被录制下来。如果操作中需要同期录制解说，则需将话筒打开，并提前完成相关的声音设置。如图 6-17 所示，在【声音和音频设备属性】对话框中选择【音频】选项卡，在【录音】选项区中单击【音量】按钮，在出现的【录音控制】对话框中选择【麦克风】方式。

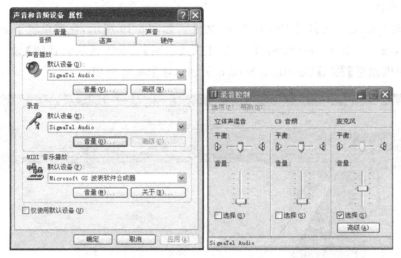

图 6-17　设置麦克风录音方式

（6）如图 6-18 所示，屏幕正在录制中。当屏幕录制需要结束时，可单击停止按钮或按 F10 键结束。

图 6-18　屏幕录制过程中

(7) 录制停止后,会出现【Camtasia 录像器】窗口,播放刚刚录制的内容。如需保存这个文件,单击【保存】按钮并选择合适的路径和文件名确定,这样,就完成了一个屏幕内容的录制。

6.3.3 录制 PowerPoint

Camtasia Studio 5 的另一个主要功能是可以对 PowerPoint 文件进行录制,演示文稿的一步步操作都可以被录制下来,录制的同时也可进行同期录音。具体操作如下:

(1) 在【任务列表】中选择【录制 PowerPoint】,会出现【打开要录制的演示文稿】对话框,在该对话框中选择需要录制的 PowerPoint 文件。例如:选择"鲁迅自传.ppt",然后单击【打开】按钮确认。

(2) 此时系统会自动打开 PowerPoint 文件。如图 6-19 所示,在菜单栏下方会出现一个小的工具栏,用于录制 PowerPoint 的操作,包括【录制】 ●录制 、【录制音频】、【录制相机】、【显示相机预览】、【Camtasia Studio 录制选项】等按钮。

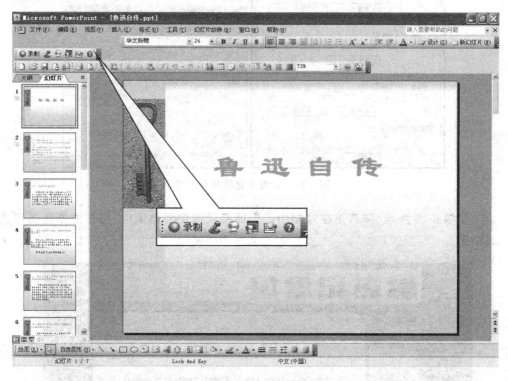

图 6-19 在 PowerPoint 中录制文件

(3) 选择【Camtasia Studio 录制选项】按钮,会出现【Camtasia Studio 插件选项】对话框。在该对话框中,可以选择是否录制鼠标指针、设置视频采集帧数、选择是否录制音频及进行音频的相关设置、相机的设置、录制热键的设置等操作。如图 6-20 所示设置各选项。设置结束后,单击【确定】按钮退出。

(4) 单击【录制】按钮 ●录制 开始录制,录制开始后,按步骤一步步演示文稿内容。如需同期录制声音,在操作演示文稿时,通过麦克风同时进行讲解即可。但需要注意,如要录制声音,需在【Camtasia Studio 插件选项】对话框中选中【录制音频】复选框并设置音频来源及音量。

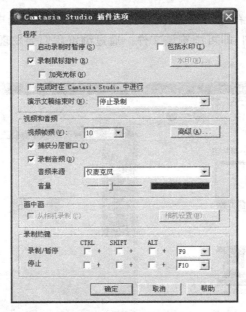

图 6-20 设置录制选项

(5) 当完成演示需要停止录制时,按 F10 键即可停止录制。此时会出现【Camtasia 录制另存为】对话框,选择合适的路径及文件名,单击保存。这样一个 PowerPoint 文件就录制完成了,文件为 *.Camrec 格式。

6.3.4 剪辑

录制后的媒体文件可以直接拿到课堂上进行播放、演示,但是在录制过程中可能会有一些问题,此时就可以通过 Camtasia Studio 来进行剪辑处理,将这些素材编辑在一起,形成一个完整的作品。具体操作如下:

(1) 在【任务列表】中选择【添加】|【导入媒体】,在出现的【打开】对话框中选择需要的素材文件,如图 6-21 所示,依次打开所需文件。

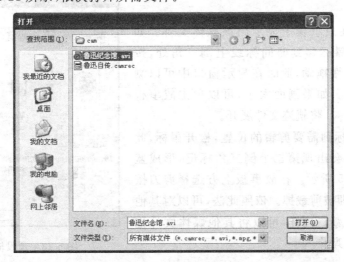

图 6-21 导入媒体素材

(2) 如图 6-22 所示,在【剪辑箱】内会显示出导入的素材。选中一个素材,将其拖入【显示窗口】,单击【播放】按钮,即可浏览该文件。通过浏览我们会发现,这个素材需要进一步剪辑,去掉多余部分。

图 6-22 浏览媒体素材

(3) 在【剪辑箱】中选中该素材,将其拖入故事板中,会出现【方案设置】对话框,如图 6-23 所示。在这里可以预设输出的格式,可选择 Web、CD、Blog、iPod 等格式,也可自定义生成尺寸的宽度和高度。这里选择 Web 格式,单击【确定】按钮退出。

(4) 此时,在故事板上显示出该媒体文件。如图 6-24 所示,将鼠标移到时间标线上倒三角处,按下鼠标左键并缓慢拖动,此时在显示窗口中可以浏览到画面的变化。如果画面太小,可以单击故事板上方的放大按钮,将轨迹文件展开。

(5) 拖动鼠标到需要剪辑的位置,松开鼠标,此时在时间标线上会出现第二个倒三角标记,形成蓝色区域,如图 6-25 所示。在故事板上方选择剪刀按钮,蓝色区域即被剪裁掉。依照此法,可以对其他多余画面进行剪裁。同样,可以将其他媒体文件拖入故事板中进行剪辑。

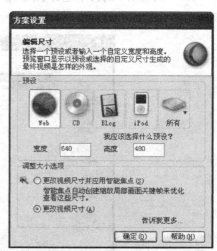

图 6-23 预设输出格式

图 6-24　在故事板上浏览画面

图 6-25　剪裁多余画面

（6）一个完整的作品，还需要有片头、片尾或段落字幕。在【任务列表】中，选择【添加】|【标题剪辑】，在出现的标题剪辑对话框中，如图 6-26 所示，设置【标题名称】、背景【图像】、背景【颜色】、【字体】、【字号】、【字色】等选项，在文本框内输入标题字幕"介绍鲁迅"，此时显示窗口中会显示字幕的效果。确认后，单击【确定】按钮退出。

图 6-26　制作标题字幕

（7）此时，【剪辑箱】中会出现该媒体文件。选中该文件，将其拖至故事板的开始处，如图 6-27 所示，一个片头就制作完成了。同理，可以完成段落和片尾字幕的制作。

图 6-27　添加标题字幕

（8）如果对前面录制时录制的音频文件不满意，或因为剪辑的原因需要重新录制解说，Camtasia Studio 5 也提供了这种功能。在【任务列表】中，选择【添加】|【声音旁白】，在出现的【语音旁白】对话框中，如图 6-28 所示，设置【录制音轨】、【录制持续时间】、【输入级别】等参数。此处，【录制音轨】选择音频 1，当录制完成后，音频 1 轨道内的音频文件将被替换成新录制的文件。

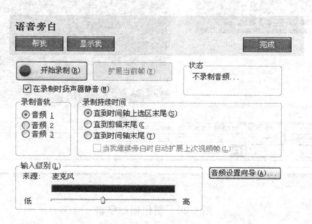

图 6-28　重新录制解说

(9) 将故事板上的标记线移到需要的位置,单击【开始录制】按钮,配合画面重新配制解说。结束时,单击【完成】按钮。如图 6-29 所示,前面在【录制音轨】中选择了音频 1,当录制完成后,音频 1 轨道内的音频文件将被替换成新录制的文件。

图 6-29　重新录制解说

(10) 如果需要还可以给作品添加一些背景音乐。在【任务列表】中,选择【添加】|【导入媒体】,在出现的【打开】对话框中选择合适的路径及背景音乐文件,单击【确定】按钮退出,此时【剪辑箱】内会出现该音频文件。

(11) 在故事板上方选择【轨道】下拉菜单,如图 6-30 所示,选择【音轨 2】,在故事板中增加一个音轨。选中【剪辑箱】中的背景音乐文件,将其拖入音轨 2 中的合适位置,这样一个背景音乐就添加上了。

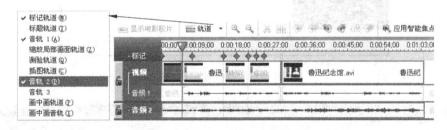

图 6-30　在音轨 2 上添加背景音乐文件

到此,就制作了一个简单的作品。在【菜单栏】中选择【文件】|【方案另存为】,选择合适的路径及文件名,保存该作品,其文件格式为 *.camproj。

6.3.5　生成文件

最后还需要将作品生成流媒体文件,供在网上浏览使用。具体操作如下:

(1) 在【任务列表】中,选择【生成】|【生成视频为】,会出现【生成向导】对话框,依步骤完成相应的操作。如图 6-31 所示,生成的视频格式可以选择【产品预设】、【推荐我的产品设置】、【自定义产品设置】等形式。【产品预设】中包括了 Web、CD、Blog、iPod 等格式;【推荐我的产品设置】包括了网络、电子邮件、CD、DVD、硬盘、iPod 等形式;【自定义产品设置】中包括了 swf、mpeg、mov、avi、rm、mp3、ipod 等格式。选择不同的格式,会出现相应的设置,这里就不一一展开介绍了。

(2) 完成向导设置后,系统将自动生成相应的文件。文件生成后,系统会自动播放生成的文件。如图 6-32 所示,这是以预设的 Web 形式输出的文件。至此,就完成了一个完整的作品。

数字音视频资源的设计与制作

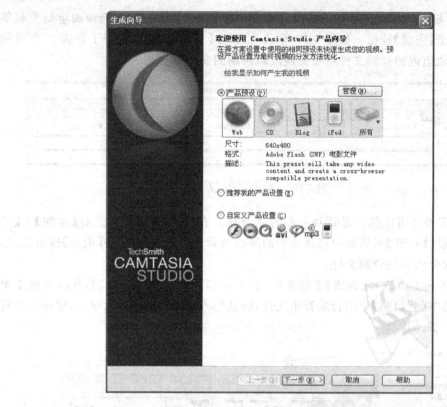

图 6-31 选择输出格式

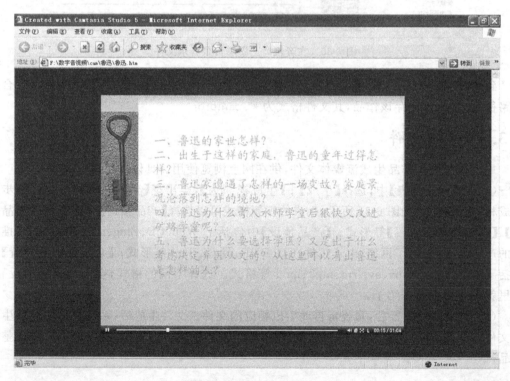

图 6-32 预览生成的文件

本 章 小 结

本章简要介绍了流媒体技术,包括流媒体系统的组成、流媒体的传输方式、流媒体的传输协议、流媒体的传输过程、流媒体的播放方式及常用的流媒体格式。在此基础上介绍了一些常用的流媒体制作软件,重点讲解了利用 Camtasia Studio 软件制作流媒体的技巧,包括录制屏幕、录制 PowerPoint、简单编辑和生成文件等内容。

通过本章的学习,可以掌握一些基本的流媒体知识和制作手法,相信大家会有所收获。

读者意见反馈

亲爱的读者：

感谢您一直以来对清华版计算机教材的支持和爱护。为了今后为您提供更优秀的教材，请您抽出宝贵的时间来填写下面的意见反馈表，以便我们更好地对本教材做进一步改进。同时如果您在使用本教材的过程中遇到了什么问题，或者有什么好的建议，也请您来信告诉我们。

地址：北京市海淀区双清路学研大厦 A 座 602 室 计算机与信息分社营销室　收
邮编：100084　　　　　　　　　　　电子邮箱：jsjjc@tup.tsinghua.edu.cn
电话：010-62770175-4608/4409　　　邮购电话：010-62786544

教材名称：数字音视频资源的设计与制作
ISBN 978-7-302-21039-9
个人资料
姓名：_____　年龄：_____　所在院校/专业：_____
文化程度：_____　通信地址：_____
联系电话：_____　电子信箱：_____
您使用本书是作为：□指定教材 □选用教材 □辅导教材 □自学教材
您对本书封面设计的满意度：
□很满意 □满意 □一般 □不满意　改进建议_____
您对本书印刷质量的满意度：
□很满意 □满意 □一般 □不满意　改进建议_____
您对本书的总体满意度：
从语言质量角度看　　□很满意 □满意 □一般 □不满意
从科技含量角度看　　□很满意 □满意 □一般 □不满意
本书最令您满意的是：
□指导明确 □内容充实 □讲解详尽 □实例丰富
您认为本书在哪些地方应进行修改？（可附页）
_____
_____
您希望本书在哪些方面进行改进？（可附页）
_____
_____

电子教案支持

敬爱的教师：

为了配合本课程的教学需要，本教材配有配套的电子教案（素材），有需求的教师可以与我们联系，我们将向使用本教材进行教学的教师免费赠送电子教案（素材），希望有助于教学活动的开展。相关信息请拨打电话 010-62776969 或发送电子邮件至 jsjjc@tup.tsinghua.edu.cn 咨询，也可以到清华大学出版社主页（http://www.tup.com.cn 或 http://www.tup.tsinghua.edu.cn）上查询。